CARLOS E. DE M. BICUDO
ORGANIZADOR DA SÉRIE

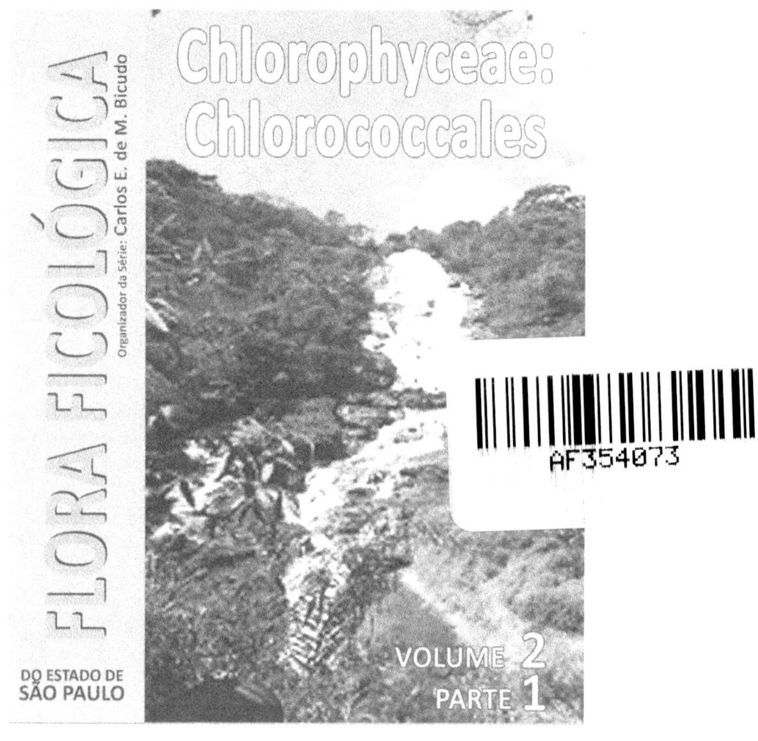

CARLOS E. DE M. BICUDO
Instituto de Pesquisas Ambientais
São Paulo, SP, BRASIL

CÉLIA L. SANT'ANNA
Instituto de Pesquisas Ambientais
São Paulo, SP, BRASIL

SIDNEY FERNANDES
Universidade Federal de São Paulo
"Campus" Baixada Santista
Santos, SP, BRASIL

2022

Processo FAPESP nº 1998/04955-3

Flora Ficológica do Estado de São Paulo – vol. 2, parte 1 – Chlorophyceae / Carlos Eduardo de Mattos Bicudo ; Célia Leite Sant'Anna ; Sidney Fernandes – São Paulo : RiMa Editora : FAPESP, 2022.

172 p. Il.

ISBN 85-86552-87-9 (obra completa)
ISBN 978-65-84811-04-1 (volume 2, parte 1)

1. Flora : São Paulo (Estado) ; 2. Botânica : Algas : Taxonomia. I. Bicudo, Carlos E. de M. ; II. Sant'Anna, Célia L. ; III. Fernandes, Sidney.

COMISSÃO EDITORIAL

Dirlene Ribeiro Martins
Paulo de Tarso Martins
Evaldo L. G. Espíndola (USP-SP)
João Batista Martins (UEL-PR)
Michèle Sato (UFMT-MT)

DIRLENE RIBEIRO MARTINS
PAULO DE TARSO MARTINS
Rua Virgílio Pozzi, 81 – Jd Santa Paula
13540-04 – São Carlos, SP
Fone: (16) 988064652

www.rimaeditora.com.br

Agradecimentos

Somos muito gratos à FAPESP (Fundação de Amparo à Pesquisa do Estado de São Paulo), pelo auxílio concedido para realizar o projeto "Flora Ficológica do Estado de São Paulo" (processo 1998/04955-3), que financiou o amplo programa de coleta de material no Estado de São Paulo; e ao CNPq (Conselho Nacional de Desenvolvimento Científico e Tecnológico), por bolsa de Pesquisador Sênior concedida a CEMB (processo nº 305031/2016-3).

CEMB é profundamente grato a Yukio Hayashi da Silva, pelo esmerado e extremamente competente serviço de digitalização das pranchas e colocação de números e escalas nas figuras.

APRESENTAÇÃO

O volume 2 foi programado para incluir a Ordem Chlorococcales das Chlorophyceae, isto é, as algas verdes destituídas de flagelos na fase vegetativa de seu ciclo-de-vida e, em geral, incapazes de realizar divisão celular, e será publicado em duas partes. A parte 1 abordará as famílias Chlorococcaceae, Dictyosphaeriaceae, Hormotilaceae, Micractiniaceae, Oocystaceae, Palmellaceae e Radiococcaceae; e a parte 2, as famílias Coccomyxaceae, Hydrodictyaceae e Scenedesmaceae.

A parte 1 do volume contou com a participação da Profª Drª Célia Leite Sant´Anna, que se ocupou de seis das famílias acima mencionadas, exceto das Chlorococcaceae, e do Prof. Dr. Sidney Fernandes, que se responsabilizou pela família Chlorococcaceae, a qual foi, inicialmente, preparada na forma de sua Tese de Doutorado.

CONTEÚDO

1

INTRODUÇÃO

Os trabalhos publicados sobre as Chlorococcales do Brasil ainda são relativamente escassos e divulgam informação bastante incompleta, mormente no que diz respeito à taxonomia dos materiais estudados, uma vez que tais referências se limitam, de modo geral, apenas a confirmar as citações de ocorrência aqui e acolá dos representantes dessas algas. A maioria desses trabalhos foi produzida por especialistas estrangeiros durante os fins do século XIX e as primeiras décadas do século XX, mas que jamais estiveram no Brasil. Os materiais nesses trabalhos foram colhidos, na maioria das vezes, por não-especialistas em algas que, invariavelmente, os remeteram para estudo na Europa ou nos Estados Unidos da América.

A primeira referência à presença de representantes de Chlorococcales no Brasil consta em Moseley (1875), que estudou material coletado no Rochedo de São Paulo (hoje Arquipélago de São Pedro e São Paulo), localizado ao redor de 520 milhas náuticas (ca. 1.000 km) de Natal, Estado do Rio Grande do Norte. O arquipélago é um conjunto de pequenas ilhas que constituem a única localidade oceânica atualmente conhecida em que ocorre exposição '*in-situ*' do manto abissal. As rochas ultramáficas intensamente fraturadas que compõem o arquipélago sugerem a existência de intenso movimento tectônico que perdura até o presente. A alga citada é *Chlorococcum*, que, inclusive, foi referida no trabalho como a única alga aerodispersa na região.

No Estado de São Paulo, Edwall (1896) foi o primeiro autor a divulgar a existência de Chlorococcales. O trabalho é uma relação das plantas depositadas no então Herbário da Comissão Geográfica e Geológica do Estado de São Paulo (hoje Herbário Científico do Estado "Maria Eneyda P. Kauffmann Fidalgo", do Instituto de Pesquisas Ambientais, São Paulo). Foram citadas nesse trabalho *Eremosphaera viridis* De Bary a partir de material coletado na cidade de São Paulo e *Scenedesmus acutus* Meyen de material de Pirassununga. Seguem vários trabalhos mencionados na ordem cronológica de sua publicação: Nordstedt (1877), Wittrock & Nordstedt (1880), Wille (1884), Möbius (1889, 1895), Warming (1892), Bohlin (1897), Lemmermann (1914, 1915), Borge (1918, 1925), Kolkwitz (1933), Gessner & Kolbe (1934), Kleerekoper (1937, 1939, 1941, 1944), Drouet *et al.* (1938), Kammerer (1938), Grönblad (1945), Almeida *et al.* (1946), Hoehne (1948), Hoehne *et al.* (1951), Prescott (1957), Rosa (1958), Branco (1959, 1961a, 1961b, 1961c, 1962, 1964, 1966), Palmer (1960), Krasilchik (1961), Branco *et al.* (1963), Joly (1963), Potel (1964), Azevedo *et al.* (1967), Bicudo & Bicudo (1967), Díaz (1968a, 1968b), Bicudo & Ventrice (1968), Bicudo & Bicudo (1969), Branco & Branco (1971), Thomasson (1971), Derísio & Montebello (1972), Rocha & Narduzzo (1975), Leite & Bicudo (1977), Hino & Tundisi (1977), Hino (1979), Fernandes & Bicudo (2009), Godinho *et al.* (2010), Bicudo (2012), Loaiza-Restano & Bicudo (2014), Tucci *et al.* (2015) e Tucci *et al.* (2019).

Dois trabalhos acima relacionados merecem destaque: Bohlin (1897) e Kammerer (1938). O primeiro é singular por ter abrangido, até então, o maior número de descrições de Chlorococcales e foi baseado em material coletado por Gustaf Oskar Andersson Malme em diversos locais nos estados de Mato Grosso e Rio Grande do Sul, por ocasião da primeira Expedição Regnell ao Brasil. Tal material foi cedido a K. Bohlin por V.B. Wittrock (na época diretor da Divisão de Botânica do Museu Real de História Natural, na Suécia). O segundo, de Kammerer (1938), é o estudo de 64 materiais de Chlorococcales, incluindo espécies, variedades e formas taxonômicas coletadas por August Ginzberger de ambientes na Fazenda Taperinha, próxima de Santarém, no Estado do Pará.

O primeiro trabalho realizado exclusivamente sobre material de Chlorococcales coletado no Brasil é de Rosa (1958), que mencionou a ocorrência de *Hydrodictyon* sp. no Estado de São Paulo após examinar espécimes oriundos da região de Jaboticabal e fez referência à morfologia e à reprodução da alga. O trabalho é de divulgação científica e não identificou a espécie estudada.

Os trabalhos sobre Chlorococcales publicados na série algas da flora "Criptógamos do Parque Estadual das Fontes do Ipiranga, São Paulo, SP" (Fernandes & Bicudo 2009, Godinho *et al.* 2010, Bicudo 2012, Loaiza-Restano & Bicudo 2014 e Tucci *et al.* 2015) fornecem boas descrições e ilustrações e constituem um bom recurso para identificar material do grupo.

Há ainda que mencionar três dissertações de mestrado submetidas à Universidade de São Paulo, as quais foram baseadas exclusivamente em material de Chlorococcales do Estado de São Paulo. São os trabalhos de Leite (1974), Chaves (1978) e Roque (1980). Some-se a esses o trabalho de Loaiza-Restano (2013), submetido como dissertação de mestrado ao antigo Instituto de Botânica (hoje Instituto de Pesquias Ambientais) em São Paulo. Deve-se mencionar, por fim, as teses de doutorado de Sant'Anna (1979), Fernandes (2008) e Godinho (2009), a primeira das quais submetida à Universidade de São Paulo e as demais duas ao Instituto de Pesquisas Ambientais em São Paulo.

Compõem, afinal, a bibliografia paulista sobre Chlorococcales certos estudos de hidrobiologia, nos quais as identificações taxonômicas nem sempre chegaram à espécie, como os de Oliveira *et al.* (1951), Andrade (1953, 1956), Andrade & Rachou (1954), Oliveira *et al.* (1957, 1967) e Oliveira & Krau (1970).

2

CLASSE CHLOROPHYCEAE

A ordem Chlorococcales é constituída por organismos unicelulares destituídos de flagelos nas fases vegetativa e reprodutiva, mas que frequentemente contêm um sistema flagelar vestigial representado por corpos basais e estruturas conectadas que revelam a origem evolutiva da ordem a partir de organismos flagelados. Conforme van-den-Hoek *et al.* (1997), as feições características das Chlorococcales são:

- Mitose fechada, isto é, onde o fuso não persiste na telófase e a citocinese ocorre por formação tanto de um septo transversal quanto de uma placa constituída por vesículas coalescentes no interior de um ficoplasto.

- Sucedendo à citocinese, cada célula-filha torna-se completamente circundada por uma parede celular secretada '*in loco*' por vesículas derivadas do sistema de Golgi.

- Em alguns gêneros, as células-filhas permanecem confinadas no interior da parede da célula-mãe produzindo indivíduos multicelulares sarcinoides ou filamentosos. Em outros gêneros, as células-filhas são liberadas como células reprodutivas flageladas ou não imediatamente após sua formação. A liberação ocorre pela dissolução, por ação enzimática, da parede da célula-mãe.

Segundo van-den-Hoek *et al.* (1997), as células reprodutivas não-flageladas das Chlorococcales são denominadas autósporos, que geralmente retêm certas feições características de células flageladas, tais como os vacúolos pulsáteis, e podem, por isso, também ser chamadas de aplanósporos. Os autósporos são morfologicamente bem semelhantes às células vegetativas que os produziram, exceto pelo tamanho bastante menor. Nos membros coloniais das Chlorococcales, os esporos produzidos no interior de uma célula parental reúnem-se para formar uma colônia em miniatura, a qual é quase imediatamente liberada e chamada de autocolônia ou cenóbio. Nos membros das Chlorococcales que se reproduzem sexuadamente o tipo de fusão dos gametas varia de isogamia a anisogamia e até oogamia.

As Chlorococcales abrangem espécies com os seguintes níveis de organização: cocoide isolado, cocoide colonial, sarcinoide, filamentoso e sifonáceo. Assim delimitada, a ordem inclui cerca de 215 gêneros e ao redor de 1.000 espécies segundo van-den-Hoek *et al.* (1997), a maioria das quais habitante de locais de água doce. Só uma pequena minoria vive em ambiente marinho. Nos sistemas dulcícolas, as Chlorococcales podem ser abundantes em locais onde a concentração de nutrientes é elevada. Várias Chlorococcales são terrestres e algumas (exemplo *Apatococcus*) formam manchas de um tom verde-brilhante na face de árvores ou de pedras em que incidem os ventos dominantes ou a água seja mais abundante. *Trebouxia* vive em simbiose com fungos formando líquenes. Na água doce, *Chlorella* pode viver simbioticamente no interior de certos protozoários ciliados (exemplo *Ophrydium*) formando colônias altamente mucilaginosas, do tamanho até de uma laranja, coloração castanho-esverdeada e pouca consistência, pois desintegram com facilidade quando coletadas, por serem ocas. Há, ainda, espécimes despigmentados heterotróficos de Chlorococcales (exemplo *Prototheca*).

3
Parte Sistemática

Conforme van-den-Hoek *et al.* (1997), a classe Chlorophyceae compreende várias ordens, entre as quais a Chlorococcales. A ordem Chlorococcales inclui, por sua vez, 11 famílias de acordo com Bourrelly (1972), as quais podem ser identificadas conforme segue:

1. Células solitárias ou formando colônias sem forma própria.
  2. Zoósporos presentes.
    3. Células esféricas munidas de setas longas .... Micractiniaceae p.p.
    3. Células sem tais setas longas.
      4. Indivíduos unicelulares isolados .... Chlorococcaceae
      4. Indivíduos coloniais.
        5. Colônias arredondadas ou amorfas . ... Palmelaceae
        5. Colônias dendroides .... Hormotilaceae
  2. Zoósporos ausentes.
    6. Divisão celular vegetativa presente .... Coccomyxaceae
    6. Divisão celular vegetativa ausente.
      7. Células reunidas por mucilagem em colônias .... Radiococcaceae
      7. Células não reunidas por mucilagem em colônias .... Oocystaceae
1. Células formando colônias regulares.
  8. Células reunidas por restos da parede da célula-mãe .... Dictyosphaeriaceae
  8. Células não reunidas por restos da parede da célula-mãe.
    9. Células esféricas com setas longas .... Micractiniaceae p.p.
    9. Células destituídas de setas longas.
      10. Autósporos presentes . ... Scenedesmaceae
      10. Zoósporos presentes .... Hydrodictyaceae

É a seguinte a sinopse dos gêneros, espécies, variedades e formas taxonômicas identificadas neste fascículo:

Classe Chlorophyceae
  Ordem Chlorococcales
    Família Chlorococcaceae
      Gênero *Ankyra*
        A. judayi (G.M. Smith) Fott
        A. ocellata (Koršikov) Fott
      Gênero *Apodochloris*
        A. polymorpha (Bischoff & Bold) Komárek
        A. simplicissima (Koršikov) Komárek
      Gênero *Bracteacoccus*
        B. cohaerens Bischoff & Bold
      Gênero *Characium*
        C. acuminatum A. Braun
        C. cucurbitinum Jao
        C. ensiforme Hermann
        C. hindakii Lee & Bold
        C. obesum W. Taylor
        C. ornithocephalum A. Braun var. *ornithocephalum*
        C. ornithocephalum A. Braun var. *adolescens* Printz
        C. ornithocephalum A. Braun var. *pringsheimii* (A. Braun) Komárek
        C. rostratum Reinhardt *ex* Printz
        C. strictum A. Braun
        C. transvaalense Cholnoky
      Gênero *Chlorococcum*
        C. acidum Archibald & Bold
        C. aureum Archibald & Bold
        C. ellipsoideum Deason & Bold
        C. hypnosporum Starr
        C. infusionum (Schrank) Meneghini
        C. minimum Ettl & Gärtner
        C. minutum Starr
        C. pinguideum Arce & Bold
        C. schizochlamys (Koršikov) Philipose
      Gênero *Coleochlamys*
        C. oleifera (Schussnig) Fott
      Gênero *Desmatractum*
        D. bipyramidatum (Chodat) Pascher

Gênero *Hydrianum*
  H. lageniforme Koršikov
Gênero *Korschikoviella*
  K. limnetica (Lemmermann) Silva
Gênero *Phyllobium*
  P. sphagnicola G.S. West
Gênero *Planktosphaeria*
  P. gelatinosa G.M. Smith
Gênero *Polyedriopsis*
  P. spinulosa (Schmidle) Schmidle
Gênero *Schroederia*
  S. antillarum Komárek
  S. indica Philipose
  S. planctonica (Skuja) Philipose
  S. spiralis (Printz) Koršikov
Gênero *Tetraëdron*
  T. caudatum (Corda) Hansgirg
  T. gracile (Reinsch) Hansgirg
  T. hemisphaericum Skuja
  T. lobulatum (Nägeli) Hansgirg var. *triangulare* Playfair
  T. minimum (A. Braun) Hansgirg var. *minimum*
  T. minimum (A. Braun) Hansgirg var. *"apiculato-scrobiculatum"* (Reinsch, Lagerheim) Skuja
  T. planctonicum G.M. Smith
  T. quadrilobatum G.M. Smith
  T. regulare Kützing var. *regulare*
  T. regulare Kützing var. *granulata* Prescott
  T. triangulare Koršikov
  T. trigonum (Nägeli) Hansgirg f. *trigonum*
  T. trigonum (Nägeli) Hansgirg f. *gracile* (Reinsch) De Toni
  T. trilobulatum (Reinsch) Hansgirg
  T. tumidulum (Reinsch) Hansgirg
Gênero *Trebouxia*
  T. erici Ahmadjian
  T. magna Archibald
  T. xanthoriae (Waren) H. Řehakova var. *xanthoriae*
Família Palmellaceae
  Gênero *Palmella*
    P. aurantia C. Agardh

Gênero *Sphaerocystis*
   S. schroeteri Chodat
Família Hormotilaceae
  Gênero *Hormotilopsis*
   H. gelatinosa Trainor & Bold
Família Oocystaceae
  Gênero *Ankistrodesmus*
   A. bibraianus (Reinsch) Koršikov
   A. densus Koršikov
   A. falcatus (Corda) Ralfs
   A. fusiformis Corda 'sensu' Koršikov
   A. gracilis (Reinsch) Koršikov
   A. spiralis (Turner) Lemmermann
  Gênero *Chlorella*
   C. vulgaris Beijerinck
  Gênero *Dactylococcus*
   D. infusionum Nägeli
  Gênero *Eremosphaera*
   E. eremosphaeria (G.M. Smith) R.L. Smith & Bold
  Gênero *Kirchneriella*
   K. aperta Teiling
   K. brasiliana Silva, Sant'Anna, Comas & Tucci
   K. contorta (Schmidle) Bohlin var. *elongata* (G.M. Smith) Komárek
   K. dianae (Bohlin) Comas
   K. lunaris (Kirchner) Möbius var. *lunaris*
   K. lunaris (Kirchner) Möbius var. *irregularis* G.M. Smith
   K. obesa (W. West) Schmidle var. *obesa*
   K. obesa (W. West) Schmidle var. *major* (Bernard) G.M. Smith
  Gênero *Monoraphidium*
   M. braunii (Nägeli in Kützing) Komárková-Legnerová
   M. contortum (Thuret) Komáková-Legnerová
   M. griffithii (Berkeley) Komárková-Legnerová
  Gênero *Nephrocytium*
   N. agardhianum Nägeli
   N. lunatum W. West
  Gênero *Oocystis*
   O. borgei Snow
   O. ellipticus W. West
   O. lacustris Chodat

3.1 Família Chlorococcaceae

A família Chlorococcaceae caracteriza-se por: (*1*) ser constituída por indivíduos unicelulares que vivem livres ou, mais raro, formando grupos irregulares ou, então, presos a um substrato; tais organismos podem ter hábito solitário ou colonial (colônias em geral amorfas); (*2*) as células podem ser esféricas ou quase e serem uninucleadas ou, menos comum, possuirem vários núcleos na fase adulta; (*3*) o cloroplastídio varia em número desde ausente até vários, tem forma esponjosa, poculiforme, urceolada, estrelada, reticulada, placoide, discoide ou poligonal e posição axial ou parietal na célula; (*4*) o pirenoide pode ou não estar presente; (*5*) possuem um ou dois vacúolos pulsáteis situados na base dos flagelos das células vegetativas jovens ou dos zoósporos, mas ausentes nas células adultas; e (*6*) a parede celular é constituída por uma glicoproteína espessa, firme e lisa ou variadamente ornamentada por verrugas, pelos longos ou espinhos. Algumas formas apresentam parede celular gelatinosa.

Jamais foi detectada reprodução vegetativa nos representantes desta família. A reprodução assexuada ocorre por autósporos ou zoósporos do tipo *Chlamydomonas*, bi ou tetraflagelados, com ou sem parede celular; mais raro, entretanto, por aplanósporos tetraflagelados (Tell & Mosto 1982). Sexualidade foi raramente observada e, quando ocorre, pode ser iso ou anisogâmica (Bourrelly 1972).

Os representantes das Chlorococcaceae podem habitar solo (*Chlorococcum*), tronco de árvore (*Trebouxia*) e corpos d'água. Existem também representantes marinhos dos gêneros *Characium* (*C. salinum* Ivanov) e *Coccomyxa* (*C. parasitica* Stevenson & South).

O gênero-tipo da família é *Chlorococcum* Meneghini (Comas 1986), e as Chlorococcaceae compreendem os seguintes gêneros: *Ankyra*, *Apodochloris*, *Bracteacoccus*, *Characium*, *Chlorococcum*, *Coleochlamys*, *Desmatractum*, *Korschikoviella*, *Octogoniella*, *Phyllobium*, *Polyedriopsis*, *Pseudocharacium*, *Schroederia*, *Tetraëdron* e *Trebouxia* (Bicudo & Menezes 2017).

Há bastante controvérsia quanto à identidade desta família, havendo autores que a dividem em três outras dependendo do hábito livre-natante, fixo ou endofítico de seus representantes; e há outros autores que preferem denominar subfamílias e não famílias os mesmos três grupos cima. É importante notar, entretanto, que tais posições utilizaram bases apenas morfológicas e suposições sem outro alicerce científico que não seja a observação, isto é, a experiência de muitos anos de trabalho ao microscópio desses especialistas. Não existem estudos que usem as técnicas, por exemplo, da biologia molecular, que posicionem estas famílias segundo critérios evolutivos, razão pela qual persiste a pendência: quantas famílias de Chlorococcales existem e quais são?

Chave para identificação dos 15 gêneros inventariados:

1. Indivíduo fixo a algum substrato.
   2. Célula fixa por pedículo.
      3. Poro apical presente para liberação dos zoósporos .... *Hydrianum*
      3. Poro apical ausente .... *Characium*
   2. Célula não fixa por pedículo.
      4. Célula mais ou menos fusiforme, polos afilados ou um deles arredondado e o outro terminado em seta longa .... *Korschikoviella*
      4. Célula bipolar, mais ou menos piriforme .... *Apodochloris*
1. Indivíduo livre, não-fixo a um substrato.
   5. Indíduos coloniais .... *Planktosphaeria*
   5. Indivíduos isolados, não coloniais.
      6. Indivíduos epífitas ou endófitos .... *Phyllobium*
      6. Indivíduos livre-flutuantes.
         7. Célula esférica ou quase.
            8. Pirenoide ausente .... *Bracteacoccus*
            8. Pirenoide presente.
               9. Envoltório mucilaginoso composto por 2 metades unidas na região do equador celular .... *Desmatractum*
               9. Envoltório mucilaginoso ausente.
                  10. Cloroplastídio poculiforme, ciatiforme ou urceolado .... *Chlorococcum*
                  10. Cloroplastídio estrelado ou lobado .... *Trebouxia*
         7. Célula clavada, piriforme, fusiforme, em forma de almofada ou 3 ou mais angular.
            11. Célula clavada ou piriforme . ... *Coleochlamys*
            11. Célula fusiforme, em forma de almofada ou angular.
               12. Célula fusiforme ou quase.
                  13. Célula heteropolar .... *Ankyra*
                  13. Célula não heteropolar (polos iguais ou quase) .... *Schroederia*
               12. Célula em forma de almofada ou angular.
                  14. Ângulos munidos de setas delicadas mais ou menos longas .... *Polyedriopsis*
                  14. Ângulos munidos de espinhos grosseiros mais ou menos longos ou prolongados em processos simples .... *Tetraëdron*

3.1.1 *ANKYRA* FOTT 1957

Indivíduos unicelulares isolados. A célula é fusiforme ou mais ou menos cilíndrica, heteropolar, com um espinho em cada polo. O espinho de um dos polos é simples e o do outro tem a extremidade bífida ou alargada na forma de uma espátula. A parede celular é constituída por duas metades que se encaixam na parte média da célula. Existe apenas um cloroplastídio em forma de banda parietal irregular, com um pirenoide situado no terço mediano da célula.

Chave para identificação das *Ankyra* do Estado de São Paulo:

1. Célula com ambos os polos terminados em 1 espinho simples;
   estigma presente ....*A. ocellata*
1. Célula com 1 espinho simples em um dos polos e 1 bífido no outro;
   estigma ausente ....*A. judayi*

A. *JUDAYI* (G.M. SMITH) FOTT (FIG. 1)

Preslia 29: 303. 1957.

Basiônimo: *Schroederia judayi* G.M. Smith, Bulletin of the Torrey Botanical Club 43: 474, pl. 24, fig. 9-11. 1916.

Indivíduos isolados, célula fusifome, reta ou curva, ápices atenuados, um deles simples (pontiagudo), o outro 2-furcado, 44-70 µm compr. incluindo espinhos, 6,5-7,2 µm larg., parede celular delgada, firme, cloroplastídio 1, parietal, pirenoide 1, estigma ausente.

Hábitat: plâncton.

DISTRIBUIÇÃO GEOGRÁFICA

EM LITERATURA: **Estado de São Paulo** (Bicudo & Bicudo 1970: como *A. ancora* f. *spinosa*, Sant'Anna 1984: como *Schroederia judayi*, Ferreira 1998, Souza 2000).

MATERIAL EXAMINADO: material de literatura.

COMENTÁRIOS

A primeira referência à ocorrência de representante de *Ankyra* no Brasil está em Bicudo & Bicudo (1970), isto é, em uma chave para identificação dos gêneros de algas dulcícolas então conhecidos para o Brasil. *Ankyra ancora* (G.M. Smith) Fott f. *spinosa* (Koršikov) Fott consta nesse trabalho identificada a partir de material coletado no hidrofitotério do Jardim Botânico de São Paulo. A diferença entre *A. ancora* e *A. judayi* (G.M. Smith) Fott é o tipo de cloroplastídio, que na última é laminar e na primeira tem a forma de "H", com o pirenoide localizado na travessa do "H".

Questiona-se a identificação do material em Bicudo & Bicudo (1970), que parece mais ser um representante de *A. judayi* por não possuir estigma, embora as projeções terminais do espinho basal sejam relativamente mais desenvolvidas como as de *A. ancora*.

Calijuri (1999) ilustrou um exemplar que identificou como *Ankyra* sp., mas que deve ser um representante de *A. judayi* por conta de sua morfologia e das medidas da célula, apesar de não constar na referida ilustração o cloroplastídio.

Ankyra ancora ocorre no Estado do Amazonas no Lago do Castanho (Uherkovich & Schmidt 1974) e em Presidente Figueiredo (Bittencourt-Oliveira 1990); em Belém, Estado do Pará (Uherkovich 1981); em Recife, Estado de Pernambuco (Ferreira 2002); na represa Lomba do Sabão, Estado do Rio Grande do Sul (Sommer 1977); e no Estado de São Paulo.

A. ocellata (Koršikov) Fott (Fig. 2-3)

Preslia 29: 303. 1957.

Basiônimo: *Characium ocellatum* Koršikov, Russki- arkhiv protistologii 3: 73, pl. 3, fig. 19-29. 1924.

Indivíduos isolados, célula fusiforme, mais ou menos reta, polos atenuados, terminados em 1 espinho tão longo ou mais longo que o corpo da célula, 117-158 μm compr., 61-80 μm larg., cloroplastídio 1, laminar, parietal, forrando internamente toda a parede da célula, pirenoide ausente, estigma próximo a um dos polos da célula, espinhos 94-228 μm compr.

Hábitat: plâncton.

Distribuição Geográfica

Em literatura: nada consta.

Material examinado: **Município de Limeira** (SP390819).

Comentários

Os representantes de *Ankyra ocellata* (Koršikov) Fott lembram os de *Characium*, porém apresentam espinhos nos dois polos, sendo que em um deles o ápice é acuminado e no outro é bifurcado. Além disso, diferentemente dos representantes de *Characium*, os de *Ankyra* não apresentam pedicelo de fixação.

Komárek & Fott (1983) descreveram diferentemente os dois espinhos de cada indivíduo, sendo um bifurcado no ápice e o outro não. Mas a ilustração em Komárek & Fott (1983: pl. 68, fig. 4a) mostra os dois espinhos simples, como nos atuais exemplares de Limeira. Komárek & Fott (1983) descreveram os espinhos como sendo relativamente curtos, mais curtos do que a porção fusiforme do corpo da célula. Os atuais exemplares de Limeira apresentaram, entretanto, espinhos de igual tamanho ou mais longos do que a porção fusiforme do corpo da célula.

3.1.2 *Apodochloris* Komárek 1959

Indivíduos unicelulares de hábito solitário. A célula é heteropolar e pode ser elíptica, piriforme, reniforme, cilíndrica ou fusiforme. A parede celular é delgada, porém bastante evidente. O cloroplastídio é único por célula, tem a forma de banda parietal inteiriça ou clatrada e possui um pirenoide situado no terço inferior da célula, em geral pouco deslocado para um dos lados.

Os representantes de *Apodochloris* lembram muito os de *Characium*, entretanto são destituídos de pedículo ou de mucilagem para fixação ao substrato. Os representantes de *Apodochloris* foram encontrados habitando o interior da mucilagem colonial de *Microcystis* e *Aphanizomenon* (Fernandes & Bicudo 2009).

Chave para identificação dos *Apodochloris* do Estado de São Paulo:

1. Célula 9-18 µm compr.; habitante da mucilagem de outras
   algas ....*A. simplicissima*
1. Célula 22-50 µm compr.; habitante do plâncton e
   do perifíton .... *A. polymorpha*

A. *polymorpha* (Bischoff & Bold) Komárek (Fig. 4)

Algological Studies 24: 241. 1979.

Basiônimo: *Chlorococcum polymorphum* Bischoff & Bold, University of Texas Publications 6318: 22, fig. 92-98. 1963.

Célula oblonga a ovalada, 29-47 µm compr., 10-19 µm larg., cloroplastídio 1, parietal, inteiriço ou clatrado, pirenoide 1-2, grande, no terço mediano ou posterior (polo amplamente arredondado) da célula, parede celular delgada.

Hábitat: plâncton e perifíton.

Distribuição Geográfica

Em literatura: nada consta.

Material examinado: **Município de Angatuba** (SP188215). **Município de Campos do Jordão** (SP188521). **Município de Divinolândia** (SP390828). **Município de Estrela do Norte** (SP390855). **Município de Guaratinguetá** (SP96965). **Município de Ibitinga** (SP390832). **Município de Itupeva** (SP239039). **Município de Miracatu** (SP113679). **Município de Rincão** (SP390829). **Município de Santo André** (SP390872). **Município de São Paulo** (SP115377, SP115417). **Município de Sertãozinho** (SP390830).

Comentários

Apodochloris polymorpha (Bischoff & Bold) Komárek lembra, morfologicamente, espécimes de *Characium*, no entanto destituídos de pedicelo ou de mucilagem de fixação. Para o Brasil, foi identificado somente *Apodochloris simplicissima* (Koršikov) Komárek para a Represa de Samambaia, Estado de Goiás (Nogueira 1991b), e para o Parque Nacional da Restinga de Jurubatiba, Estado do Rio de Janeiro (Sophia *et al.* 2004).

Apesar de o cloroplastídio ser parietal, não existe uniformidade na forma do mesmo, pois alguns são maciços e chegam a preencher quase a totalidade da face interna da parede celular, enquanto outros são laminares e preenchem apenas o terço mediano da célula. Células jovens de *Apodochloris* lembram bastante representantes de *Chlorococcum*. *Apodochloris polymorpha* difere de *A. simplicissima* unicamente pelo maior tamanho dos representantes da primeira espécie.

A. simplicissima (Koršikov) Komárek (Fig. 5-6)

Preslia 31: 319. 1959.

Basiônimo: *Characium simplicissimum* Koršikov, Viznachnik prisnovodnihk vodorostey Ukrainsykoi RSR [Vyp] 5: 146, fig. 98. 1953.

Célula mais ou menos piriforme, em geral um tanto assimétrica, às vezes encurvada, 7-13 µm compr., 3-10 µm larg., cloroplastídio 1, parietal, em geral na base da célula, pirenoide 1 ou ausente, grande, no terço mediano ou no posterior (polo amplamente arredondado) da célula, parede celular delgada.

Hábitat: plâncton.

Distribuição Geográfica

Em literatura: **Estado de Goiás** (Nogueira 1991a), **Estado do Rio de Janeiro** (Sophia *et al.* 2004).

Material examinado: **Município de Angatuba** (SP188215). **Município de Ribeirão Bonito** (SP365688).

Comentários

Apodochloris simplicissima (Koršikov) Komárek difere de A. *polymorpha* (Bischoff & Bold) Komárek devido, basicamente, ao tamanho dos indivíduos, os da primeira espécie sendo consideravelmente menores do que os da última. De resto, as células são absolutamente semelhantes. Outra diferença está no fato de A. *polymorpha* viver isoladamente no plâncton e os representantes de A. *simplicissima* ocorrerem distribuídos mais ou menos radialmente no interior da mucilagem de cianobactérias planctônicas. *Apodochloris simplicissima* ocorreu em duas localidades no Estado de São Paulo e em ambas somente como células isoladas. Utilizou-se, então, para a identificação taxonômica desses materiais, a diferença de tamanho entre os representantes das duas espécies.

3.1.3 *BRACTEACOCCUS* TEREG 1922

Indivíduos unicelulares em geral isolados. A célula é esférica e multinucleada. A parede celular é delgada e lisa. O cloroplastídio é parietal e pode variar em número desde um até vários; quando único, tem a forma de uma banda parietal irregular; quando muitos, são poligonais. Os representantes deste gênero não possuem pirenoide.

Apenas uma espécie identificada:

B. COHAERENS BISCHOFF & BOLD (FIG. 7-8)

University of Texas Publications 6318: 54, fig. 85-87, 144-145. 1963.

Indivíduos isolados, célula esférica, 16-38 μm diâm., parede celular delicada, lisa, cloroplastídio 1, parietal, laminar, bordo irregular, pirenoide ausente.

Hábitat: perifíton.

Distribuição Geográfica

Em literatura: nada consta.

Material examinado: **Município de Angatuba** (SP188215). **Município de Piracaia** (SP365699). **Município de Santo André** (SP390799, SP390800).

Comentários

O material original de *B. cohaerens* Bischoff & Bold foi isolado de uma amostra de solo coletada em Dripping Springs, no Estado do Texas, Estados Unidos da América (Bischoff & Bold 1963). Embora a descrição original da espécie refira o diâmetro o tamanho da célula até 55 μm, os referidos autores mencionaram 30 μm como a média dos indivíduos adultos. Afirmaram também que o cloroplastídio nas formas jovens e naquelas em fase de crescimento é parietal e laminar e que o amido é produzido na forma de inúmeros grânulos, porém jamais de pirenoide.

Os atuais materiais de Angatuba, Piracaia e Santo André apresentaram tamanho variável de 16 a 38 μm de diâmetro, um único cloroplastídio laminar por célula de bordo irregular e numerosos grãos de amido dispersos no protoplasma.

Bracteacoccus cohaerens é metricamente próximo de *B. grandis* Bischoff & Bold, do qual difere por possuir apenas um cloroplastídio e não vários (Tab. 1).

Tabela 1. Características diagnósticas diferenciais entre *B. cohaerens* Bischoff & Bold e *B. grandis* Bischoff & Bold.

Característica	*B. cohaerens*	*B. grandis*
Forma da célula	esférica	esférica
Medidas celulares	até 55 μm diâm.	até 35 μm diâm.
Cloroplastídio	único	numerosos

3.1.4 *Characium* A. Braun *in* Kützing 1849

Indivíduos unicelulares que vivem sempre fixos a algum substrato, em geral isolados, mais raro formando pequenos grupos. A forma da célula varia entre fusiforme, clavada ou subsférica e pode ser reta, curvada ou mais ou menos torcida como a letra "S". Na maioria das espécies, existe um pedículo de comprimento variado que pode terminar em um disco diminuto de fixação do indivíduo ao substrato. Na ausência de pedículo em algumas poucas espécies, a fixação é feita por uma substância adesiva cimentante. A parede celular é delgada, porém sempre bastante nítida. Nos indivíduos jovens, o cloroplastídio é único, laminar, parietal e possui um pirenoide central. Em alguns exemplares, o plastídio pode, com a idade, fragmentar-se em vários e cada porção ter seu pirenoide.

Chave para identificação dos *Characium* do Estado de São Paulo:

1. Célula bilateralmente simétrica.
   2. Célula claviforme ....*C. cucurbitinum*
   2. Célula ovoide, fusiforme ou subfusiforme.
      3. Célula ovoide ....*C. obesum*
      3. Célula fusiforme ou subfusiforme.
         4. Ápice celular acuminado-arredondado . ...*C. rostratum*
         4. Ápice celular acuminado . ...*C. hindakii*
1. Célula bilateralmente assimétrica.
   5. Ápice celular prolongado em espinho relativamente longo .... *C. transvaalense*
   5. Ápice celular não prolongado em espinho.
      6. Pedículo longo (1/5-1/2 do comprimento total da célula).
         7. Célula falciforme .... *C. ornithocephalum* var. *ornithocephalum*
         7. Célula elíptico-fusiforme . ...*C. acuminatum*
      6. Pedículo curto (1/13-1/10 do comprimento total da célula).
         8. Célula cilíndrica a claviforme ....*C. strictum*
         8. Célula fusiforme, elíptico-fusiforme ou lanceolada.
            9. Célula lanceolada .... *C. ornithocephalum* var. *adolescens*
            9. Célula fusiforme ou elíptico-fusiforme.
               10. Célula fusiforme .... *C. ornithocephalum* var. *pringsheimii*
               10. Célula elíptico-fusiforme ....*C. ensiforme*

C. ACUMINATUM A. BRAUN (FIG. 9-10)

In: Kützing, Species algarum. 892. 1849.

Indivíduos curto-pediculados, mais ou menos perpendiculares ao substrato, pedículo ca. 1/5 do comprimento total da célula, célula amplamente elíptico-fusiforme, levemente assimétrica, margens laterais desigualmente convexas, ápice mucronado, disco de fixação ausente, 7-13 μm compr., ca. 7,5 μm larg., cloroplastídio 1, laminar, parietal, ocupando quase toda a face interna da célula, pirenoide 1, supramediano, parede celular delgada.

Hábitat: perifíton.

DISTRIBUIÇÃO GEOGRÁFICA

EM LITERATURA: **Estado de São Paulo** (Agujaro 1990, Ferragut *et al.* 2005, Fernandes & Bicudo 2009).

MATERIAL EXAMINADO: **Município de São Paulo** (SP390876).

Comentários

Quanto à forma da célula, C. *acuminatum* A. Braun lembra C. *ornithocephalum* A. Braun var. *adolescens* Printz. Difere, entretanto, por não apresentar o ápice celular projetado em rostro acuminado e apresentar incrustação na base de fixação da célula.

Os exemplares ora examinados foram coletados sempre epífitos por meio de um curto pedículo sobre algas cocoides.

C. *CUCURBITINUM* Jao (Fig. 11)

Botanical Bulletin of the Academia Sinica 1: 246, fig. 1g-i. 1947.

Indivíduos curto-pediculados, mais ou menos perpendiculares ao substrato, pedículo grosseiro, ca. 1/7 do comprimento total da célula, célula amplamente claviforme, às vezes subcilíndrica, simétrica, margens laterais quase retas, ápice arredondado-truncado a amplamente truncado, ca. 33,7 µm compr., ca. 9,9 µm larg., cloroplastídio 1, laminar, parietal, ocupando pouco mais da metade da face interna da célula, pirenoide ausente, parede celular grosseira.

Hábitat: perifíton.

Distribuição Geográfica

Em literatura: nada consta.

Material examinado: **Município de Ibirá (SP390841).**

Comentários

Characium cucurbitinum Jao é uma espécie de fácil identificação por conta de sua célula subcilíndrica e o pedículo grosseiro. Lembra certas expressões morfológicas de C. *strictum* A. Braun (veja Komárek & Fott 1983: pl. 63, fig. 1c), mas a última espécie é prontamente distinta pelo pedículo filiforme e o plastídio que reveste internamente quase toda a parede celular. As medidas das duas espécies não apresentam diferença apreciável.

C. *ENSIFORME* Hermann (Fig. 12)

Über die bei Neudamm aufgefundenen Arten der Genus *Characium*. 26, pl. 6B, fig. 1. 1863.

Indivíduos curto-pediculados, mais ou menos perpendiculares ao substrato, pedículo ca. 1/10 do comprimento total da célula, almofadado, célula fusiforme, assimétrica, margens assimétricas, uma pouco convexa, a outra mais acentuadamente convexa, ápice acuminado, extremidade arredondada, 29-32 μm compr., 6-6,5 μm larg., cloroplastídio 1, laminar, parietal, revestindo internamente quase toda a parede celular, pirenoide 1, central, parede celular delicada.

Hábitat: perifíton.

Distribuição Geográfica

Em literatura: **Estado de Mato Grosso do Sul** (Algarte *et al.* 2006), **Estado do Paraná** (Moresco 2006), **Estado de São Paulo** (Agujaro 1990).

Material examinado: **Município de Ibirá** (SP390876).

Comentários

Com base apenas na morfologia é impossível diferir a presente espécie de C. *indicum* Patel & George e de C. *hindakii* Lee & Bold. A diferença reside, em parte, nas medidas, mas, principalmente, na relação entre o comprimento e a largura da célula (Tab. 2).

Tabela 2. Comparação das medidas do comprimento e da largura celular e da relação comprimento:largura celulares de C. *ensiforme* Hermann, C. *indicum* Patel & George e C. *hindakii* Lee & Bold.

Espécie	Comprimento celular	Largura celular	Relação C:L
Characium ensiforme	29-32 μm	6-6,5 μm	4,8-4,9
Characium indicum	27,6-34,7 μm	3,5-4,7 μm	7,4-7,9
Characium hindakii	ca. 85 μm	ca. 23 μm	ca. 3,6

C. hindakii Lee & Bold (Fig. 13-14)

University of Texas Publications 7403: 24, fig. 53-56. 1974.

Indivíduos curto-pediculados, mais ou menos perpendiculares ao substrato, pedículo ca. 1/10 do comprimento total da célula, levemente almofadado, célula fusiforme, simétrica ou levemente assimétrica, margens convexas, uma pouco mais acentuadamente convexa que a outra, ápice acuminado, 21-75 μm compr., 5-22 μm larg., cloroplastídio 1, laminar, parietal, revestindo internamente quase toda a parede celular, pirenoide 1, central, parede celular delgada.

Hábitat: perifíton.

Distribuição Geográfica

Em literatura: nada consta.

Material examinado: **Município de Palmital** (SP390864). **Município de São José do Rio Pardo** (SP390825). **Município de São Paulo** (SP390877).

Comentários

Characium hindakii Lee & Bold foi descrita originalmente a partir de material de cultivo. Ao que se sabe, jamais foi identificada de material coletado de ambiente natural. Todos os três materiais presentemente estudados provieram da natureza, ou seja, do perifíton de açudes localizados um no Município de Palmital e outro no Município de São José do Rio Pardo, além de um terceiro de um reservatório situado no Parque Estadual das Fontes do Ipiranga, no Município de São Paulo. Em todos os três casos, o material foi encontrando vivendo epífita sobre outras algas.

Esta espécie lembra, morfologicamente, *C. indicum* Patel & George, que Komárek & Fott (1983) consideraram sinônimo de *C. rostratum* Rabenhorst *ex* Printz. *Characium rostratum* possui a célula mais acentuadamente assimétrica, do tipo falciforme, e tamanho relativamente menor (11-35 µm compr., 3-13 µm larg.), embora haja certo recobrimento nas medidas das duas espécies.

Segundo Lee & Bold (1974), o espécime representante de *C. hindakii* pode ter de um a vários núcleos, fato este confirmado por Lewis *et al.* (1992). Paralelo ao número de núcleos, varia também o de pirenoides, de um a oito segundo Lee & Bold (1974).

Booton *et al.* (1998a, 1998b) afirmaram ser a espécie polifilética ao avaliarem a subunidade 18S do rRNA.

C. obesum **W. Taylor (Fig. 15)**

Transactions of the American Microscopical Society 54(2): 87. 1935.

Indivíduos médio-pediculados, mais ou menos perpendiculares ao substrato, pedículo ca. 1/3 do comprimento total da célula, almofadado, célula obovoide, simétrica, margens igualmente convexas, ápice amplamente arredondado, 19,9-28,4 µm compr. incluindo pedículo, 10,2-15,6 µm larg., cloroplastídio 1, laminar, parietal, revestindo internamente quase toda a parede celular, pirenoide 1-2, central, parede celular delgada.

Hábitat: perifíton.

DISTRIBUIÇÃO GEOGRÁFICA

EM LITERATURA: nada consta.

MATERIAL EXAMINADO: **Município de São Paulo** (SP390849).

COMENTÁRIOS

Komárek & Fott (1983) comentaram a possibilidade de C. *obesum* W. Taylor ser idêntico a C. *philippinense* Behre, embora este último seja representado por exemplares de maiores dimensões. A julgar pelas ilustrações originais, C. *obesum* apresenta forma celular obovoide (os dois polos distintos entre si, sendo um acuminado e o outro amplamente arredondado), enquanto C. *philippinense* tem forma amplamente elíptica (os dois polos idênticos um ao outro, acuminados). *Characium obesum* lembra, de fato, C. *typicum* Lee & Bold quanto à forma obovoide da célula, embora a última espécie seja atualmente conhecida só de material em cultivo. A diferença entre essas duas espécies está nas medidas celulares, pois C. *typicum* é relativamente maior, embora haja recobrimento nas medidas do comprimento celular, incluído o pedículo. *Characium obesum* lembra, ainda, C. *terrestre* Kanthamma, do qual difere por apresentar dimensões celulares nitidamente menores. Lembra, finalmente, certas expressões morfológicas de C. *strictum* A. Braun (veja Komarek & Fott 1983: pl. 63, fig. 1a), mas é diferente porque a última espécie apresenta cloroplastídio laminar, parietal, que reveste internamente quase toda a parede celular e é destituído de pirenoide.

O material original de C. *obesum* foi coletado vivendo epizoico sobre carapaças de microcrustáceos planctônicos, enquanto o presente foi do perifíton de plantas aquáticas.

C. ORNITHOCEPHALUM A. BRAUN VAR. *ORNITHOCEPHALUM* (FIG. 16)

Algarum unicellularum genera nova vel minus cognita. 42, pl. 3, fig. C1-11. 1855.

Indivíduos médio a longo-pediculados, perpendiculares a inclinados sobre o substrato, pedículo 1/3-1/2(-1) do comprimento total da célula, almofadado, célula falciforme, moderadamente assimétrica, margens mais ou menos uniformemente convexas, ápice acuminado, extremidade pontiaguda, 15,1-23 µm compr., 3,9-6 µm larg., cloroplastídio 1, laminar, parietal, revestindo internamente ao redor de 1/2 da parede celular, pirenoide 1, central, parede celular delgada.

Hábitat: perifíton.

Distribuição Geográfica

Em literatura: **Estado de Mato Grosso do Sul** (Algarte *et al.* 2006), **Estado do Paraná** (Moresco 2006), **Estado de São Paulo** (Borge 1918, Bicudo 1984, 1996, Agujaro 1990, Fernandes & Bicudo 2009).

Material examinado: **Município de Angatuba** (SP188215). **Município de Flórida Paulista** (SP390870). **Município de São Paulo** (SP390876, SP390877).

Comentários

Characium ornitocephalum A. Braun é uma espécie única graças à forma falciforme, acentuadamente assimétrica, de seus representantes, cujas margens são mais ou menos uniformemente arqueadas e o ápice acuminado, pontiagudo. Os indivíduos podem viver perpendiculares ou mais ou menos inclinados sobre o substrato. O pedículo é almofadado na extremidade e pode ser filiforme e reto ou mais grosseiro e irregular. Seu comprimento equivale, em geral, a um terço e até à metade do comprimento total da célula, mas também pode ser tão longo quanto ou pouco mais longo do que a célula.

Borge (1918) referiu a ocorrência de *C. ornithocephalum* A. Braun var. *harpochytriiformis* Printz em um pequeno tanque d'água em Colônia Isabel, região de Campinas, porém sem descrever nem ilustrar o material que examinou. O referido autor apenas divulgou a medida da largura celular de um exemplar: 5,5 µm. Este material faz parte da exsicata nº 580, fascículo nº 12, da coleção de Wittrock & Nordstedt (1883). Todo esforço despendido para reencontrar espécimes neste material foi em vão, mesmo porque a quantidade de material na exsicata era demasiadamente escassa.

C. ornithocephalum A. Braun var. *adolescens* Printz (Fig. 17-18)

Skrifter udg. af Videnskabsselskabet i Christiania 1913(6): 39, pl. 2, fig. 40-51. 1914.

Indivíduos curto-pediculados, perpendiculares ou pouco inclinados sobre o substrato, pedículo ca. 1/10 do comprimento total da célula, célula moderadamente lanceolada, pouco assimétrica, margens não uniformemente convexas, ápice acuminado, 21-24,5 µm compr., 7-8 µm larg., cloroplastídio 1, laminar, parietal, revestindo internamente ao redor de 9/10 da parede celular, pirenoide 1, central, parede celular delgada.

Hábitat: perifíton.

Distribuição Geográfica

Em literatura: **Estado de São Paulo** (Bicudo 1984, 1996, Agujaro 1990, Fernandes & Bicudo 2009).

Material examinado: **Município de Angatuba** (SP188215). **Município de Flórida Paulista** (SP390870). **Município de São Paulo** (SP390876).

Comentários

Os representantes desta variedade diferem dos da típica da espécie pelo menor grau de assimetria de sua célula e pela menor inclinação dos indivíduos sobre o substrato (Komárek & Fott 1983).

C. ornithocephalum A. Braun var. *pringsheimii* (A. Braun) Komárek (Fig. 19)

Algological Studies 24: 243. 1979.

Basiônimo: *Characium pringsheimii* A. Braun, Algarum unicellularum genera nova vel minus cognita. 106. 1855.

Indivíduos curto-pediculados, perpendiculares ou pouco inclinados sobre o substrato, pedículo ca. 1/10 do comprimento total da célula, célula subfusiforme, levemente assimétrica, margens não igualmemente convexas, ápice apiculado, (15-)22,3-35,9 μm compr., (4-)6-10 μm larg., cloroplastídio 1, laminar, parietal, revestindo internamente ao redor de 9/10 da parede celular, pirenoide 1, central, parede celular delgada.

Hábitat: perifíton.

Distribuição Geográfica

Em literatura: **Estado de São Paulo** (Bicudo 1996, Fernandes & Bicudo 2009).

Material examinado: **Município de Angatuba** (SP188215). **Município de Bertioga** (SP390850, SP390860). **Município de Flórida Paulista** (SP390870). **Município de São Paulo.** (SP390876).

Comentários

Esta variedade difere da típica da espécie pelo menor comprimento do pedículo e maior grau de assimetria da célula (Komárek & Fott 1983).

Komárek & Fott (1983) consideraram *C. pringsheimii* A. Braun '*sensu*' Printz sinônimo de *C. polymorphum* Printz e *C. pringsheimii* A. Braun '*sensu*' A. Braun uma variedade de *C. ornithocephalum* A. Braun. Conforme Bicudo (1996), deve-se considerar que a ilustração de *C. ornithocephalum* A. Braun var. *pringsheimii* (A. Braun) Komárek em Komárek (1979) difere bastante daquela da espécie que Braun (1855) referiu como sendo a mais próxima de *C. pringsheimii*, a saber, a ilustração de *C. minutum* A. Braun [presentemente, *Characiopsis minuta* (A. Braun) Lemmermann]. Difere também das apresentadas em Printz (1914) e Prescott (1962), mormente, pela célula ser falciforme e não ereta.

Bicudo (1996) preferiu não considerar *C. pringsheimii* uma variedade de *C. ornithocephalum*, conforme proposta de Komárek (1979), até que se defina qual é a real circunscrição de *C. pringsheimii*, uma espécie problemática em decorrência da falta de ilustração original.

C. rostratum Reinhardt *ex* Printz (Fig. 20)

Skrifter udg. af Videnskabsselskabet i Christiania 1913(6): 41. 1914.

Indivíduos curto-pediculados, mais ou menos perpendiculares ao substrato, pedículo ca. 1/13 do comprimento total da célula, célula subfusiforme, usualmente simétrica, raro muito suavemente assimétrica, margens mais ou menos uniformemente convexas, ápice acuminado, extremidade arredondada, 11-35,6 µm compr., (3-)6-13,2 µm larg., cloroplastídio 1, laminar, parietal, revestindo internamente quase toda a parede celular, pirenoide 1, central; parede celular delgada.

Hábitat: perifíton.

Distribuição Geográfica

Em literatura: **Estado de São Paulo** (Bicudo 1984, 1996, Ferragut *et al.* 2005, Ferreira 2005, Fernandes & Bicudo 2009).

Material examinado: **Município de Angatuba** (SP188215). **Município de Bertioga** (SP390850, SP390860). **Município de Itanhaém** (SP390849). **Município de Nova Granada** (SP390843). **Município de Novo Horizonte** (SP336349). **Município de Santo André** (SP390870). **Município de São Paulo** (SP390876, SP390879).

Comentários

Alguns exemplares atualmente observados apresentaram disco de fixação. A literatura especializada mostra variação significativa no comprimento do pedículo e na existência de um disco de fixação. Segundo Braun (1855), o tamanho do disco de fixação parece depender do estágio de desenvolvimento do espécime.

Bicudo (1996) mencionou a extrema convergência morfológica entre esta espécie e *Characiopsis longipes* (Rabenhorst) Borzi, apontando como única diferença entre ambas a presença de pirenoide em *C. rostratum*. A mesma autora referiu, também, que nem todos os exemplares que examinou apresentaram pedículo, mas fixavam-se ao substrato direto pelo disco.

Characium rostratum ocorreu sempre epífita e foi encontrado tanto isolado quanto em grupos sobre o talo de outras algas unicelulares maiores, algas filamentosas e macrófitas aquáticas.

C. strictum A. Braun (Fig. 21)

Algarum unicellularum genera nova vel minus cognita. 37, pl. 5A, fig. 1-15. 1855.

Indivíduos curto-pediculados, mais ou menos perpendiculares ao substrato, pedículo ca. 1/10 do comprimento total da célula, célula cilíndrica a subclavada, margens irregulares, pouco assimétricas, ápice arredondado, 20,5-25 µm compr., 4,6-5,1 µm larg., cloroplastídio 1, laminar, parietal, revestindo internamente quase toda a parede celular, pirenoide ausente, parede celular delgada.

Hábitat: perifíton.

DISTRIBUIÇÃO GEOGRÁFICA

EM LITERATURA: **Estado de São Paulo** (Agujaro 1990, Bicudo 1996: como *C. hookeri*, Ferragut *et al.* 2005, Fernandes & Bicudo 2009).

MATERIAL EXAMINADO: **Município de Itanhaém** (SP390849). **Município de São Paulo** (SP390898).

COMENTÁRIOS

Foram vistos poucos indivíduos deste tipo, os quais não apresentaram variação morfológica intrapopulacional. Foi encontrado, após examinar todas as preparações feitas, um único exemplar com a célula subcilíndrica, bilateralmente simétrica, margens laterais retas ou quase e ápice arredondado-truncado. Tal exemplar foi identificado com a ilustração original de *C. brunnthaleri* Printz em Printz (1916), mais tarde reproduzida em Komárek & Fott (1983: pl. 61, fig. 6a); também com algumas formas de *C. strictum* A. Braun (veja Komárek & Fott 1983: pl. 63, fig. 1c). Quanto às medidas, igualmente não houve como separar as expressões morfológicas de célula subcilíndrica que ocorrem em uma e outra espécies. A identificação desse único espécime, pelo menos provisoriamente, como representante de *C. brunnthaleri* deveu-se ao fato de havermos encontrado apenas um exemplar desse tipo e não conseguirmos relacioná-lo com alguma variação morfológica de *C. strictum* pela ausência de expressões morfológicas que o ligassem ao espectro da variação morfológica desta última espécie.

C. TRANSVAALENSE Cholnoky (Fig. 22)

Bericht des Naturwissenschaftlich-medizinischen Vereins in Innsbruck 56: 131. 1954.

Indivíduos curto-pediculados, mais ou menos perpendiculares ao substrato, pedículo ca. 1/13 do comprimento total da célula, almofadado, célula fusiforme, levemente assimétrica, margens mais ou menos uniformemente convexas, ápice acuminado, terminado em espinho relativamente longo, ca. 22 µm compr., ca. 5 µm larg., cloroplastídio 1, laminar, parietal, revestindo internamente quase toda a parede celular, pirenoide 1, central, parede celular delgada.

Hábitat: perifíton.

Distribuição Geográfica

Em literatura: **Estado de São Paulo** (Fernandes & Bicudo 2009).

Material examinado: **Município de São Paulo** (SP390878).

Comentários

A literatura ilustra espécimes de *C. ornithocephalum* A. Braun var. *longisetum* Ettl sempre fortemente assimétricos, praticamente falciformes. Cholnoky (1954) propôs *C. transvaalense* por possuir célula fusiforme, reta, longo-pediculada e um espinho relativamente longo no polo livre da célula. O referido autor apresentou somente as medidas do comprimento celular: 36-37 µm sem incluir o pedículo (Cholnoky 1954).

Ettl (1968) descreveu originalmente *C. ornithocephalum* var. *longisetum* com base na célula assimétrica, muito arqueada e fortemente inclinada sobre o substrato de seus representantes. Os exemplares que Ettl (1968) examinou mediram 18-25 µm compr. e 4-5 µm larg. O atual material do PEFI é praticamente idêntico ao de Ettl (1968), inclusive nas medidas. Komárek & Fott (1983) colocaram *C. transvaalense*

Cholnoky na sinonímia de *C. ornithocephalum* var. *longisetum*, uma atitude com a qual não concordamos por serem materiais bastante diferentes um do outro. Por isso, os exemplares ora examinados foram identificados com *C. transvaalense*.

Todos os espécimes coletados no PEFI foram encontrados epifitando algas filamentosas.

3.1.5 *CHLOROCOCCUM* MENEGHINI 1842, *NOMEN CONSERVANDUM*

Indivíduos unicelulares em geral isolados, mas que também formam grupos temporários, sem qualquer organização, que podem ser envoltos por mucilagem. A célula é esférica ou quase. A parede celular é delgada, porém sempre bem evidente. O cloroplastídio é único em cada célula, ocupa posição parietal e tem forma de taça (ciatiforme), copo (poculiforme) ou de urna (urceolado). Pode existir desde um até vários pirenoides por célula.

Chave para identificação dos *Chlorococcum* do Estado de São Paulo:

1. Célula oblonga ....*C. acidum*
1. Célula esférica, elíptica ou ovoide.
   2. Célula esférica ou quase.
      3. Pirenoide ausente, mas existem vários grãos de amido ocupando posição central na célula .... *C. pinguideum*
     3. Pirenoide presente 1 ou 3.
       4. Pirenoides 3, mais ou menos centrais na célula .... *C. schizochlamys*
      4. Pirenoide 1.
        5. Pirenoide excêntrico, não localizado ao longo do eixo longitudinal mediano da célula, mas deslocado para um dos lados.
        6. Célula 5-10 μm diâm. ....*C. hypnosporum*
        6. Célula 12,2-15,6 μm diâm. .... *C. infusionum*
        5. Pirenoide não excêntrico, localizado mais ou menos ao longo do eixo longitudinal mediano da célula.
        7. Cloroplastídio mais ou menos urceolado . ... *C. minimum*
        7. Cloroplastídio ciatiforme ou poculiforme..................... *C. minutum*
  2. Célula elíptica ou ovoide.
      8. Pirenoide excêntrico, localizado fora do eixo longitudinal mediano da célula, deslocado para um dos lados ....*C. aureum*
      8. Pirenoide não excêntrico, localizado aproximadamente ao longo do eixo longitudinal mediano da célula ....*C. ellipsoideum*

C. *acidum* Archibald & Bold (Fig. 23-25)

The University of Texas Publications 7015: 21, fig. 9, 38-39. 1970.

Indivíduos isolados, células oblongas, 8,5-16 µm compr., cloroplastídio 1, parietal, ciatiforme, situado lateralmente, pirenoide 1, com bainha de amido, parede celular relativamente espessa.

Hábitat: plâncton e perifíton.

Distribuição Geográfica

Em literatura: **Estado de São Paulo** (Fernandes & Bicudo 2009).

Material examinado: **Município de São Paulo** (SP390876).

Comentários

Os indivíduos identificados por Fernandes & Bicudo (2009) apresentaram a célula sempre oblonga, mas a espécie inclui desde esférica até elíptica. Apresentaram também um plastídio apenas por célula, jamais fragmentado como acontece nas formas mais velhas da espécie. Finalmente, o maior número dos indivíduos ora analisados apresentou-se isolado, só raramente formaram grupos de quatro ou cinco.

C. *aureum* Archibald & Bold (Fig. 26)

The University of Texas Publications 7015: 23, fig. 11, 42-43. 1970.

Indivíduos isolados ou formando grupos de poucas células, células elípticas, 17-22 µm compr., 10-11 µm larg., cloroplastídio 1, parietal, poculiforme, com fissuras e perfurações, pirenoide 1, situado lateralmente, parede celular fina, envolta por estreita camada de mucilagem nas células jovens.

Hábitat: plâncton.

Distribuição Geográfica

Em literatura: nada consta.

Material examinado: **Município de Guapiara** (SP390834). **Município de Santa Clara D'Oeste** (SP113444).

Comentários

Chlorococcum aureum Archibald & Bold é uma espécie que vive no solo, onde ocorre isolada e foi descrita originalmente de material em cultivo. O solo proveio de um charco próximo de Elkhart, no Estado de Indiana, Estados Unidos da América. Ao que parece, a espécie jamais foi coletada de novo após sua descrição original.

Há um número de espécies de *Chlorococcum* que apresenta célula elíptica e mede entre 6,5 e 30 µm de comprimento por 6,5 a 15 µm de largura. Contam entre estas espécies *C. aegypticum* Archibald, *C. aureum* Archibald & Bold, *C. compactum* Ettl & Gärtner, *C. costatozygotum* Ett & Gärtner, *C. echinozygotum* Starr, *C. oviforme* Archibald & Bold, *C. pynguideum* Arce & Bold e *C. texanum* Archibald & Bold. Entretanto, de todas essas espécies apenas *C. aureum* possui um único cloroplastídio poculiforme, com fissuras e perfurações, e foi exatamente esta característica que nos autorizou sua identificação.

O material presentemente estudado é tipicamente planctônico. Apenas em uma ocasião foram encontrados três indivíduos situados lado a lado, que pareciam formar um grupo resultante de reprodução assexuada, talvez zoósporos em fase final de metamorfose vegetativa.

C. ELLIPSOIDEUM DEASON & BOLD (FIG. 27)

The University of Texas Publications 6022: 20, fig. 20-25, 90-92. 1960.

Indivíduos em geral gregários, formando pequenos grupos de 3-6 células destituídos de envoltório de mucilagem, células adultas mais ou menos elípticas, raro esféricas, subesféricas ou ovoides, 13-34 µm compr., (3-)3,8-12 µm larg., cloroplastídio 1, parietal, poculiforme ou urceolado, parte basal bem desenvolvida, pirenoide 0-1, quando presente situado centralmente ou basalmente na célula, parede celular espessa.

Hábitat: plâncton e perifíton.

DISTRIBUIÇÃO GEOGRÁFICA

EM LITERATURA: **Estado de São Paulo** (Fernandes & Bicudo 2009).

MATERIAL EXAMINADO: **Município de Altair-Icém** (SP113449). **Município de Álvares Florence** (SP355381). **Município de Bertioga** (SP390850). **Município de Guapiara** (SP390834). **Município de Guarujá** (SP390846). **Município de Ibitinga** (SP390832). **Município de Itapecerica da Serra** (SP187196). **Município de Lorena** (SP176242). **Município de Palmital** (SP390864). **Município de Pilar do Sul** (SP188431). **Município de Praia Grande** (SP390839). **Município de Registro** (SP113669).

Município de Ribeirão Bonito (SP390820, SP390821). Município de Rifaina (SP371175). Município de Rio Claro (SP123867). Município de Santa Clara D'Oeste (SP113444). Município de Santo André (SP130440, SP130447, SP390870, SP390873). Município de São Bernardo do Campo (SP130442). Município de São José do Rio Pardo (SP390825, SP390827). Município de São Paulo (SP390876, SP390898, SP390906). Município de São Pedro (SP188436).

Comentários

Chlorococcum ellipsoideum Deason & Bold pode ser confundido com C. *pulchrum* Archibald & Bold, mas o último possui os pirenoides situados lateralmente na célula e dimensões celulares pouco maiores: 10-17(-20) µm compr., 7,5-13(-15) µm larg.

Foram encontradas algumas células com a parede celular bem espessa e o conteúdo protoplasmático bastante denso, um tanto granuloso, que lembram hipnósporos ou algum outro tipo de forma de resistência. Contudo, não foram observados indícios que sugerissem a germinação. Aplanósporos foram observados na amostra SP371175 (material de cultivo) e células em divisão nas amostras SP113444 e SP390850. Paralelamente, foram também observadas oito células elípticas no interior de mucilagem copiosa, que lembraram autósporos.

Trabalho de biologia molecular realizado por Buchheim *et al.* (2001) transferiu C. *ellipsoideum* para a ordem Chlamydomonadales, tendo como base a inserção dos flagelos.

C. *HYPNOSPORUM* Starr (Fig. 28-29)

Indiana University Publications: sér. Ciências 20: 26, fig. 58-80. 1955.

Indivíduos apenas isolados, células adultas esféricas ou quase, 12,2-15,6 µm diâm., cloroplastídio 1, parietal, poculiforme a urceolado, porção basal um tanto excêntrica, pirenoide 1, um pouco excêntrico ou bastante deslocado de encontro à parede celular, parede celular delgada.

Hábitat: perifíton.

Distribuição Geográfica

Em literatura: **Estado de São Paulo** (Cardoso 1979, Fernandes & Bicudo 2009).

Material examinado: **Município de Altair-Icém** (SP113449). **Município de Lins** (SP355377). **Município de Rio Claro** (SP123861). **Município de São Paulo** (SP115252, SP390880).

Comentários

Starr (1955) propôs C. *hypnosporum* a partir de material de solo coletado no Estado do Tennessee, Estados Unidos da América, e mantido em cultivo na Universidade de Indiana. A ilustração que forneceu é farta, representada por 23 figuras, mas que mostram quase que só a reprodução na espécie. Apenas duas dessas figuras ilustraram a célula na fase vegetativa, sendo Starr (1955: fig. 58) a vista superficial de um indivíduo e Starr (1955: fig. 59) a seção óptica transversal mediana de uma célula mostrando a abertura do cloroplastídio e o pirenoide. A característica diagnóstica desta espécie é a formação de hipnósporos de superfície espinhosa. A formação de tais hipnósporos só foi vista, entretanto, em cultivos com cinco semanas até três meses de idade.

O mesmo autor comentou a extrema semelhança de C. *hypnosporum* com C. *echinozygotum* Starr, outra espécie proposta nesse mesmo trabalho e, no caso específico, também de material coletado em Luzon, nas Filipinas, e mantido em fase de crescimento ativo em cultivo (Starr 1955). A diferença entre ambas só é possível, contudo, quando os materiais estão férteis, pois C. *echinozygotum* se reproduz sexuadamente por isogamia e também assexuadamente por aplanósporos, e C. *hypnosporum* apenas assexuadamente por zoósporos e aplanósporos.

Archibald & Bold (1970) compararam C. *hypnosporum* com C. *isabeliense* Bold, do qual é distinto pela menor espessura da parede celular e o envoltório do pirenoide inteiriço, isto é, não formado por duas a cinco placas de amido. Cardoso (1979) comparou C. *hypnosporum* com C. *novae-angliae* Archibald & Bold, da qual difere, principalmente, pelo fato de o envoltório do pirenoide ser constituído por uma capa descontínua formada por duas a cinco placas de amido, mas também pela maior espessura da parede celular.

Os materiais de Altair-Icém, Lins, Rio Claro e São Paulo jamais apresentaram formas de reprodução. Sua identificação taxonômica poderia ser tanto com C. *hypnosporum* quanto com C. *echinozygotum*. A preferência pela primeira espécie foi fundamentada no tipo de plastídio, que é poculiforme, todavia mais aberto, e o pirenoide localizado na porção basal, um pouco excêntrico no plastídio.

C. INFUSIONUM (Schrank) Meneghini (Fig. 30-31)

Memorie della Accademia delle scienze di Torino: sér. 2, 5: 27, pl. 2, fig. 3. 1842.

Basiônimo: *Lepra infusionum* Schrank, Annalen der Botanik 9: 4. 1794.

Indivíduos em geral isolados, às vezes formando pequenos grupos (3-15 indivíduos), células adultas esféricas ou quase, raro um tanto elípticas, 5-12,5 μm diâm., cloroplastídio 1, parietal, poculiforme a urceolado, pirenoide 0-1, central ou deslocado para uma das margens laterais, parede celular variando desde delgada até espessa.

Hábitat: perifíton e bentos.

DISTRIBUIÇÃO GEOGRÁFICA

EM LITERATURA: **Estado de São Paulo** (Cardoso 1979, Sant'Anna 1984, Sant'Anna *et al.* 1989, Moura 1996, Beyruth *et al.* 1998a, Gentil 2000, Tucci 2002, Fonseca 2005, Tucci *et al.* 2006, Fernandes & Bicudo 2009).

MATERIAL EXAMINADO: **Município de Angatuba** (SP188215). **Município de Barra Bonita** (SP130785). **Município de Bertioga** (SP390850, SP390854). **Município de Cotia** (SP130444). **Município de Guapiaçu** (SP390844). **Município de Juquiá** (SP113664). **Município de Mairiporã** (SP239242). **Município de Miracatu** (SP113682). **Município de Penápolis** (SP239238). **Município de Rio Claro** (SP123861). **Município de Salmourão** (SP390858). **Município de Santo André** (SP130448). **Município de São Paulo** (SP390867). **Município de Ubatuba** (SP130801).

COMENTÁRIOS

Beyruth *et al.* (1998a) documentaram a ocorrência de *Chlorococcum infusionum* (Schrank) Meneghini em tanques de aquicultura destinados à criação da tilápia-do-nilo (*Oreochromis niloticus* Linnaeus), do curimbatá (*Prochilodus scrofa* Steindachner) e do camarão da malásia (*Macrobrachium rosenbergii* De Man).

Bold (1930) afirmou que a espécie é de ocorrência rara na América do Norte, mas, paradoxalmente, foi uma das espécies mais comuns no Estado de São Paulo. O referido autor registrou a conjugação de gametas, fato não observado durante todo o presente estudo. Finalmente, não foram observados dois pirenoides em qualquer exemplar do Estado de São Paulo.

Chlorococcum infusionum pode ser comparado, quanto à sua morfologia, com *Chlorococcum humicola* (Nägeli) Rabenhorst, entretanto difere pelo tamanho da célula. Archibald & Bold (1970) compararam *C. infusionum* com *Chlorococcum echinozygotum* Starr e *Chlorococcum oleofaciens* Trainor & Bold, diferindo-os pela espessura da parede celular, dimensões da célula e modo de liberação dos zoósporos pela célula-mãe (Sant'Anna 1984).

Cardoso (1979) descreveu a presença de pirenoide com bainha de amido contínua nos exemplares provenientes de uma lagoa de estabilização no Municipio de São José dos Campos.

C. minimum Ettl & Gärtner (Fig. 32-33)

Nova Hedwigia 44: 511. 1987.

Indivíduos isolados, células jovens elípticas a ovoides, células adultas esféricas ou quase, ca. 16,3 µm diâm., cloroplastídio parietal, nitidamente urceolado, parte basal bem desenvolvida, bordo liso, pirenoide 1, na porção basal da célula, parede celular espessa.

Hábitat: perifíton.

Distribuição Geográfica

Em literatura: **Estado de São Paulo** (Fernandes & Bicudo 2009).

Material examinado: **Município de São Paulo** (SP390880).

Comentários

Só um espécime deste tipo foi encontrado em todo o material examinado, contudo suas feições diagnósticas (célula adulta esférica de pequeno porte, cloroplastídio urceolado e pirenoide circundado por uma bainha de amido bem evidente) foram suficientemente inequívocas para autorizar a identificação taxonômica desse espécime com alta probabilidade de acerto. Os representantes desta espécie podem ser confundidos com os de *C. infusionum* (Schrank) Meneghini, porém são distintos em pequenos detalhes, como, por exemplo, o tamanho dos indivíduos, a reprodução sexuada que ainda não é conhecida em *C. infusionum* e o pequeno número de placas de amido (duas a cinco) que envolvem o pirenoide em *C. infusionum* e muitas em *C. minimum* Ettl & Gärtner. Quanto ao tamanho, entretanto, as medidas dos menores indivíduos de *C. infusionum* recobrem as dos maiores de *C. minimum* Ettl & Gärtner. Importante notar que material em reprodução sexuada dificilmente é encontrado na natureza, e as placas de amido que envolvem o pirenoide são de difícil visualização ao microscópio óptico.

C. minutum Starr (Fig. 34-35)

Indiana University Publications: sér. Ciências 20: 30, fig. 81-103. 1955.

Indivíduos isolados ou formando grupos irregulares de poucas células, células esféricas ou ovoides, 2-25 µm compr., 5-10 µm larg., cloroplastídio 1-2, parietal, ciatiforme a poculiforme, pirenoide 0-1, parede celular delgada.

Hábitat: plâncton e perifíton.

Distribuição Geográfica

Em literatura: **Estado de São Paulo** (Fernandes & Bicudo 2009).

Material examinado: **Município de Altair-Icém** (SP113449). **Município de Boituva** (SP188206). **Município de Itanhaém** (SP390797). **Município de Pitangueiras** (SP355382). **Município de Santa Clara D'Oeste** (SP113444). **Município de São Carlos** (SP104699). **Município de São Paulo** (SP390897).

Comentários

O material que serviu de base para a proposição de C. *minutum* Starr foi coletado do solo das redondezas de Bombaim, na Índia. O único outro documento sobre a existência desta espécie consta em Ettl & Gärtner (1988), que mencionaram tê-la coletado do solo de uma floresta de pinheiros próxima de Brixen, norte da Itália.

Morfologicamente, os materiais das sete localidades amostradas acima são idênticos àquele descrito em Starr (1955). Por isso, a despeito de ser todo coletado do plâncton e do perifíton, tal material foi identificado com C. *minutum*.

C. *PINGUIDEUM* ARCE & BOLD (FIG. 36-37)

American Journal of Botany 45(6): 498, fig. 32-41, 93. 1958.

Indivíduos em geral isolados, raro formando grupos de até 8 células, células esféricas ou quase, raro aproximadamente elípticas, (4-)15-33 µm diâm., cloroplastídio parietal, mais ou menos poculiforme até pouco urceolado, parte basal bem desenvolvida, bordo liso, pirenoide ausente, vários grãos de amido em posição mais ou menos central na célula, parede celular delgada a relativamente espessa.

Hábitat: plâncton, perifíton e bentos.

Distribuição Geográfica

Em literatura: **Estado da Bahia** (SP390869).

Material examinado: **Município de Angatuba** (SP188215). **Município de Aparecida** (SP104843). **Município de Atibaia** (SP104543). **Município de Bertioga** (SP390860). **Município de Engenheiro Coelho** (SP355403). **Município de Flórida Paulista** (SP390870). **Município de Guará** (SP239038). **Município de Ibitinga** (SP390832). **Município de Ibiúna** (SP114515). **Município de Ilha Comprida** (SP130813).

Município de Itanhaém (SP390837). Município de Juquiá (SP113672). Município de Lorena (SP176242). Município de Miracatu (SP113679). Município de Nhandeara (SP390862). Município de Nova Granada (SP390843). Município de Novo Horizonte (SP390840). Município de Orlândia (SP390823). Município de Palmital (SP390864, SP390866). Município de Panorama (SP390868). Município de Paraguaçu Paulista (SP239085). Município de Pedro de Toledo (SP365691). Município de Piracaia (SP390802). Município de Pitangueiras (SP355382). Município de Praia Grande (SP390839). Município de Ribeirão Bonito (SP390820). Município de Salmourão (SP390858). Município de Santo André (SP130448, SP390796). Município de São José do Rio Pardo (SP390825). Município de São Paulo (SP104098, SP115374, SP115383, SP390876, SP390880, SP390896, SP390897, SP390899, SP390901, SP390905, SP390906). Município de Sertãozinho (SP390830). Município de Tambaú (SP390838). Município de Tupã (SP239088). Município de Ubatuba (SP130801).

Comentários

Chlorococcum pinguideum Arce & Bold foi originalmente descrito a partir de material de solo coletado em uma velha plantação de açúcar em Cuba (Arce & Bold 1958). Conforme a descrição original, as células vegetativas jovens são esféricas, possuem parede delgada e cloroplastídio parietal com um pirenoide. Ocasionalmente, entretanto, nas células mais velhas que não se reproduziram pode existir mais de um pirenoide. A reprodução foi observada apenas através de zoósporos e aplanósporos.

A espécie foi bastante comum no Estado de São Paulo, ocorrendo em ambiente tanto subaéreo (tronco de árvore) quanto aquático (açude, alagado, represa, riacho e rio). O material proveniente de Itanhaém foi coletado sobre folhas de macrófitas aquáticas. Espécimes adultos variaram quanto à forma, desde perfeitamente esféricos até amplamente elípticos ou um tanto oblongos. A parede celular foi usualmente delgada, mas apresentou-se espessa em certas formas, inclusive com leves projeções quando antecederam a produção de aplanósporos.

Arce & Bold (1958: fig. 32) ilustraram duas gotas de óleo na parte basal do plastídio e afirmaram que o número de gotas aumentou com a idade e o crescimento da alga.

Chlorococcum pinguideum foi comparado por Prescott (1962), quanto à morfologia, com *C. infusionum* (Schrank) Meneghini, do qual difere somente pelas dimensões da célula (Leite 1979).

C. SCHIZOCHLAMYS (KORŠIKOV) PHILIPOSE (FIG. 38)

Chlorococcales. 75. 1967.

Basiônimo: *Hypnomonas schizochlamys* Koršikov, Viznachnik prisnovodnihk vodorostey Ukrainsykoi RSR [Vyp] 5: 57, fig. 1. 1953.

Indivíduos isolados, célula esférica, ca. 23,5 µm diâm., cloroplastídio 1, parietal, poculiforme, pirenoides 3, mais ou menos centralmente situados, parede celular delgada, envolta por delicada camada de mucilagem nas células jovens.

Hábitat: plâncton e bentos.

DISTRIBUIÇÃO GEOGRÁFICA

EM LITERATURA: nada consta.

MATERIAL EXAMINADO: **Município de Nhandeara** (SP390862).

COMENTÁRIOS

Koršikov (1953: fig. 1) ilustrou um espécime com dois cloroplastídios, dois pirenoides e dois núcleos, que foi interpretado por Ettl & Gärtner (1988) não como uma forma vegetativa, mas um estádio de reprodução da alga. Vegetativamente, *C. schizochlamys* (Koršikov) Philipose teria então um único pirenoide por plastídio. A literatura descreve, entretanto, a presença de dois ou três pirenoides como diagnóstica na identificação da espécie.

3.1.6 *COLEOCHLAMYS* KORŠIKOV 1953

Indivíduos unicelulares de hábito solitário e vida livre. A célula é mais ou menos clavada, mas pode ser até quase piriforme. O cloroplastídio é único por célula, laminar, ocupa posição parietal e possui um ou dois pirenoides. Além do amido, *Coleochlamys* acumula óleo sob a forma de gotículas.

Apenas uma espécie de *Coleochlamys* foi identificada:

C. OLEIFERA (SCHUSSNIG) FOTT (FIG. 39-42)

Preslia 47: 217. 1975.

Basiônimo: *Rhopalocystis oleifera* Schussnig, Syllabus der Boden-, Luft- und Flechtenalgen. 444, fig. 1-3. 1955.

Célula clavada, ovoide ou piriforme, hábito isolado, um polo amplamente arredondado, o outro mais ou menos acuminado, 12-47 µm compr., 5-24 µm larg., cloroplastídio 1, laminar, parietal, bordo irregular, pirenoides 1-2, aproximadamente centrais, inúmeras gotículas de óleo, parede celular delgada.

Hábitat: plâncton e perifíton.

DISTRIBUIÇÃO GEOGRÁFICA

EM LITERATURA: **Estado de São Paulo** (Bicudo & Menezes 2017).

MATERIAL EXAMINADO: **Município de Divinolândia** (SP390828). **Município de Guará** (SP239038). **Município de Inúbia Paulista** (SP239091). **Município de Itanhaém** (SP390849). **Município de Joanópolis** (SP371022, SP390818). **Município de Piracaia** (SP390802). **Município de Pontal** (SP390822). **Município de Santa Adélia** (SP390833). **Município de Santo André** (SP390871, SP390872, SP390873). **Município de São Paulo** (SP96987).

COMENTÁRIOS

Coleochlamys inclui somente duas espécies, *C. apoda* Koršikov e *C. oleifera* (Schussnig) Fott, conhecidas atualmente apenas da Europa Central (Alemanha e Ucrânia) e que diferem vegetativamente pela relação entre o comprimento e a largura celulares e, reprodutivamente, pela forma dos zoósporos. Assim, *Coleochlamys apoda* tem a célula de três a seis vezes mais longa do que larga e produz zoósporos ovoides, e *C. oleifera* tem a célula cerca de duas vezes mais longa do que larga e produz zoósporos faseoliforme-alongados.

Coleochlamys oleifera foi coletada de ambientes extremamente variados no Estado de São Paulo, incluindo o aquático representado por açudes, riachos e rios; e o subaéreo representado por pedras situadas no sopé constantemente respingado pela água de cachoeira, um ambiente ainda diretamente dependente da água.

A espécie foi documentada para o Brasil apenas uma vez com ilustração, na chave para identificação de gêneros de algas de águas continentais do Brasil (Bicudo & Menezes 2017), a partir de material do Parque Estadual das Fontes do Ipiranga, situado no Município e Estado de São Paulo. Foi observada variação morfológica tanto na forma da célula quanto na do plastídio. A forma da célula variou entre quase perfeitamente elíptica a oblonga, ovoide, piriforme e até clavada; e a forma do plastídio variou entre mais ou menos poculiforme até perfeitamente laminar, neste caso ocupando maior ou menor extensão da periferia do protoplasma.

3.1.7 *Desmatractum* West & West 1902

Indivíduos unicelulados de hábito isolado, envoltos por mucilagem ampla e formato fusiforme ou quase, constituída por duas metades que se encaixam na região do equador da célula, a qual é bastante marcada e dela partem cristas longitudinais convergentes para os polos. A junção das duas metades do envoltório é mais ou menos marcante e pode ser até bem saliente. A célula varia quanto à forma, desde mais ou menos esférica até elíptica. Existe só um cloroplastídio por célula, do tipo poculiforme e posição parietal, com um pirenoide.

Apenas uma espécie identificada:

D. bipyramidatum (Chodat) Pascher (Fig. 43-45)

Archiv für Protistenskunde 69: 654, fig. 7-9, 16d. 1930.

Basiônimo: *Bernardinella bipyramidatum* Chodat, Bulletin de la Societé de Botanique de Genève: sér. 2, 12: 301, fig. 6. 1921.

Célula esférica a elíptica, envoltório mucilaginoso espesso, mais ou menos nitidamente fusiforme, polos pontiagudos, estrias longitudinais bem marcadas, salientes, convergentes para os polos, 18-32 µm compr., (6,5-)9-17 µm larg., cloroplastídio não observado, pirenoide 1, relativamente grande, central.

Hábitat: perifíton.

Distribuição Geográfica

Em literatura: **Estado de São Paulo** (Bicudo & Menezes 2017).

Material examinado: **Município de Ituverava (SP239039). Município de Joanópolis (SP371022). Município de Paraguaçu Paulista (SP390852).**

Comentários

O único documento sobre a ocorrência desta espécie no país está em Bicudo & Menezes (2017), baseado em espécimes do Parque Estadual das Fontes do Ipiranga, no Município de São Paulo. O exemplar ilustrado (Bicudo & Menezes 2017: fig. 8.13) é de *Desmatractum bipyramidatum* (Chodat) Pascher.

Desmatractum bypiramidatum pode ser, até certo ponto, confundido com *D. elongatum* Pascher, do qual difere por possuir a região mediana do envoltório mucilaginoso mais ou menos cilíndrica e, em vista apical, as estrias possuírem ápice arredondado. *Desmatractum elongatum* possui o envoltório mucilaginoso fusiforme e, em vista apical, as estrias têm ápice acuminado.

3.1.8 *Hydrianum* Rabenhorst emend. Koršikov 1953

Indivíduos unicelulares de hábito fixo e, em geral, isolado ou, mais raro, formando pequenos grupos. A forma da célula varia entre fusiforme, clavada, ovoide e subcilíndrica e é comumente reta ou mais ou menos curva. A fixação ao substrato é feita por um estilete geralmente curto, que pode terminar em um disco diminuto; em alguns casos, a fixação ocorre por uma estrutura bastante curta ou uma substância cimentante. A parede celular é fina, contudo, sempre bastante evidente. O cloroplastídio pode ser único, laminar, parietal e ter ou não um pirenoide central; ou podem ser vários, cada porção apresentando ou não um pirenoide.

As espécies de *Hydrianum* foram inicialmente classificadas entre os *Characium*. Koršikov (1953) separou-as pelo fato de liberarem os zoósporos através de um poro apical ou subapical. No estádio vegetativo, entretanto, são absolutamente idênticas.

Uma espécie apenas identificada:

H. lageniforme Koršikov (Fig. 46)

Viznachnik prisnovodnihk vodorostey Ukrainsykoi RSR [Vyp] 5: 165, fig. 121. 1953.

Indivíduos curto-pediculados, perpendiculares ao substrato, pedículo ca. 1/10 do comprimento total da célula, relativamente grosso, célula ovoide, levemente assimétrica, margens mais ou menos uniformemente convexas na base, depois sub-retas para a extremidade, ápice amplamente arredondado, ca. 8,4 μm compr., ca. 2,8 μm larg., cloroplastídio 1, laminar, parietal, revestindo internamente quase toda a parede celular, pirenoide 1, central, parede celular delgada.

Hábitat: perifíton.

Distribuição Geográfica

Em literatura: nada consta.

Material examinado: **Município de Ubatuba (SP188431).**

Comentários

Ao que parece, a espécie é atualmente conhecida apenas pela sua descrição original baseada em material da Ucrânia.

O único exemplar deste tipo ora observado foi coletado de um dreno situado em frente à Praia da Lagoinha, altura do Km 72 da rodovia SP-55, Município de Ubatuba. Apesar de único, tal exemplar coincidiu plenamente com a descrição de *H. lageniforme* Koršikov. Quanto à morfologia, esse indivíduo pode ser confundido com certas expressões morfológicas de *H. pyrenoidiferum* Masjuk, mas difere por apresentar apenas um pirenoide por célula. Os representantes de *H. pyrenoidiferum* possuem, como o próprio epíteto específico define, dois ou vários pirenoides.

Apesar de examinar atualmente um grande número de preparações, só foi encontrado um representante estéril de *H. lageniforme*. Poderia ser identificado com *C. sieboldii* A. Braun, do qual difere vegetativamente pelo tamanho muito menor de seus representantes (*C. sieboldii*: 40-70 µm compr., 17-33 µm larg.). A certeza da atual identificação permanece, porém, dependente do encontro de material fértil.

3.1.9 *Korschikoviella* Silva 1959

Indivíduos unicelulares que vivem fixos a algum substrato quando jovens (usualmente sobre microcrustáceos no zooplâncton) e depois, quando adultos, livres no ambiente. A célula é aproximadamente fusiforme, em geral curvada, com ambos os polos abruptamente afilados ou um deles terminando em uma seta em geral longa ou, mais raro, arredondados. O cloroplastídio é único, laminar e, exceto pelos polos, reveste quase todo o protoplasma nas células jovens; o plastídio pode, entretanto, dividir-se transversalmente em vários também laminares e parietais. Seja único, sejam vários, cada plastídio tem um pirenoide de situação mais ou menos central. A parede celular é constituída por uma peça única.

Somente uma espécie identificada:

K. *limnetica* (Lemmermann) Silva (Fig. 47)

Taxon 8(2): 63. 1959.

Basiônimo: *Characium limneticum* Lemmermann, Botaniska Notiser 1903: 81. 1903.

Indivíduo isolado, célula fusiforme, levemente curvada, um polo amplamente arredondado terminando em 1 espinho simples, o outro acuminado-arredondado terminando em 1 estipe simples de fixação, ca. 18,7 µm compr., ca. 4,4 µm larg., cloroplastídios ca. 11, laminares, parietais, pirenoide 1 por plastídio, central, parede celular delgada.

Hábitat: plâncton.

Distribuição Geográfica

Em literatura: **Estado de Goiás** (Nogueira 1999: como *K. schaefermae*).

Material examinado: **Município de Boituva** (SP188206).

Comentários

Apenas um indivíduo deste tipo foi encontrado em todas as preparações examinadas das amostras do Estado de São Paulo. Sua identificação com *K. limnetica* (Lemmermann) Silva deveu-se à presença de um estipe simples de fixação na base da célula.

Nogueira (1999) identificou *K. schaefermae* (Fott) Silva de material da represa Samambaia, Estado de Goiás; trata-se, porém, de *K. limnetica* pelo fato de o polo basal da célula ser acuminado-arredondado, apesar das maiores dimensões celulares, quando comparadas com as do presente material.

3.1.10 *Phyllobium* Klebs 1881

Filamentos irregularmente ramificados, quase incolores, com intumescências globosas nas extremidades. O conteúdo dos filamentos acumula-se nas extremidades dos ramos, formando acinetos de parede espessa. As células apicais intumescidas possuem numerosos cloroplastídios elípticos distribuídos radialmente. Os indivíduos representantes deste gênero ocorrem epífitas sobre ou endófitas entre as células de *Sphagnum*, gramíneas, ciperáceas e algumas outras macrófitas aquáticas.

Apenas uma espécie identificada:

P. sphagnicola G.S. West (Fig. 48-49)

The Journal of the Linnean Society: sér. Botânica, 38: 283, pl. 21, fig. 31-35. 1908.

Filamentos muito delgados, ca. 4 µm larg., células mais ou menos arredondadas ou quase, situadas nas extremidades dos râmulos, 12-15 µm compr., 6-13 µm larg., cloroplastídios vários, elípticos, radialmente dispostos, pirenoide ausente.

Hábitat: epífita ou endófita.

Distribuição Geográfica

Em literatura: nada consta.

Material examinado: **Município de Bertioga (SP390854). Município de Novo Horizonte (SP336349). Município de Santo André (SP390874).**

Comentários

O gênero compreende três espécies: *P. dimorphum* Klebs, *P. incertum* Klebs e *P. sphagnicola* G.S. West. A diferença entre elas está no formato intumescido das células, que é elíptico em *P. dimorphum*, irregular em *P. incertum* e mais ou menos arredondado em *P. sphagnicola*. Além disso, as duas primeiras espécies foram encontradas sobre uma variedade de plantas hospedeiras, enquanto *P. sphagnicola* foi coletada apenas sobre *Sphagnum*. É importante salientar que o conhecimento de *P. incertum* ainda é bastante deficiente, pois não se conhece seu método de reprodução e até se suspeita que seja apenas uma expressão morfológica de *P. dimorphum*.

O conhecimento mundial deste gênero é bastante incompleto e restringe-se, ao que tudo indica, às descrições originais das três espécies. Para o Brasil, espécimes do gênero foram identificados de material de *Sphagnum* coletado no Parque Estadual das Fontes do Ipiranga localizado na região sul do Município de São Paulo, mas sua identificação taxonômica foi feita só em nível gênero (Bicudo & Menezes 2017), porém, segundo os mesmos autores, tal material poderia ser de *P. sphagnicola*.

Phyllobium sphagnicola jamais foi documentado para o Brasil, sendo este o primeiro documento de sua ocorrência oficial em nível nacional. As plantas que ora examinamos ocorreram tanto em ambiente subaéreo (teto e parede do Bueiro Grande) quanto em ambiente aquático (Lago do Naturalista), ambas localidades situadas na Estação Biológica de Paranapiacaba, em Santo André, Estado de São Paulo. Os espécimes de Bertioga e Novo Horizonte foram encontrados em ambiente aquático, sempre sobre *Sphagnum*.

3.1.11 *Planktosphaeria* G.M. Smith 1918

Indivíduos unicelulares de vida livre, em geral isolados, poucas vezes reunidos sem algum arranjo especial para formar colônias envoltas por uma bainha homogênea de mucilagem. A célula é esférica. O cloroplastídio é único e poculiforme nas células jovens ou podem ser vários, mais ou menos poligonais nas células adultas, contudo sempre situados parietalmente. Em qualquer caso, o pirenoide é único e aproximadamente central no plastídio.

Uma única espécie identificada:

P. GELATINOSA G.M. SMITH (FIG. 50)

Transactions of the Wisconsin Academy of Sciences, Arts and Letters 19(1): 627, pl. 10, fig. 8-11. 1918.

Indivíduos coloniais, colônias 14-80 μm compr., 6-14 μm larg., células esféricas a levemente elípticas, irregularmente distribuídas no interior de envoltório de mucilagem abundante, 10-15,4 μm diâm., cloroplastídios vários, poligonais, parietais, pirenoide central, 1 por plastídio, parede celular delgada.

Hábitat: plâncton.

DISTRIBUIÇÃO GEOGRÁFICA

EM LITERATURA: **Estado do Amazonas** (Sant'Anna & Martins 1982), **Estado de Goiás** (Nogueira 1999), **Estado do Paraná** (Picelli-Vicentim 1987), **Estado de São Paulo** (Leite 1974, Sant'Anna 1984, Sant'Anna *et al.* 1988, Schwarzbold 1992, Nogueira 1996).

MATERIAL EXAMINADO: **Município de Atibaia** (SP104543). **Município de Itu** (SP139733). **Município de Santo André** (SP130440). **Município de São Sebastião** (SP130799).

COMENTÁRIOS

Reestudou-se o material identificado por Sant'Anna (1984) depositado no Herbário Científico do Estado "Maria Eneyda P. Kauffmann Fidalgo" (SP) do Instituto de Pesquisas Ambientais. Exceto quatro localidades (Atibaia, Itu, Santo André e São Sebastião), a espécie não foi observada em todas as demais elencadas pela autora. Acredita-se que o agente fixador e preservador utilizado (solução de Transeau ou de formalina a 4%) tenha se degradado e, por isso, o material não se manteve nas unidades amostrais estudadas por Sant'Anna (1984), apesar de que um serviço criterioso de manutenção do nível da solução fixadora e preservativa das coleções seja rigorosamente feito pela Curadoria do herbário.

A mucilagem foi presentemente observada em quase todos os espécimes, exceto em uma unidade amostral, corroborando a observação em Sant'Anna (1984) de que o envoltório de mucilagem pode estar ausente em indivíduos mais velhos (Starr 1954).

Sant'Anna (1984) afirmou que a espécie é muito comum no Estado de São Paulo, o que foi confirmado durante este levantamento. A espécie foi também bastante comum nas estações de coleta de Picelli-Vicentim (1987).

Bischoff & Bold (1963) compararam *P. gelatinosa* G.M. Smith com *Planktosphaeria texensis* Bischoff & Bold, diferindo-as pelo citoplasma não vacuolizado e pelas colônias menores em tamanho da primeira espécie (Sant'Anna 1984). Smith (1920) e Prescott (1962) compararam *P. gelatinosa* com *Sphaerocystis schroeteri* Chodat, diferindo-as pelo número relativamente grande de plastídios na primeira espécie.

Células jovens de *P. gelatinosa* e *S. schroeteri* apresentaram apenas um plastídio parietal segundo Picelli-Vicentim (1987), fato que levou Smith (1920) e Prescott (1962) a considerarem tais espécies morfologicamente idênticas uma à outra. A diferença entre as duas está nos numerosos plastídios das células adultas da primeira espécie.

3.1.12 *POLYEDRIOPSIS* SCHMIDLE 1898

Indivíduos unicelulares de vida livre, usualmente isolados raro gregários. A célula tem forma de almofada, com quatro ou cinco ângulos levemente acuminados, retos ou, em geral, obtusos, cada qual ornado com um a 10 espinhos (setas) bastante delicados, que afilam gradualmente para o ápice. O cloroplastídio é único por célula, tem forma laminar e ocupa posição parietal lateral. O pirenoide é, em geral, único e situa-se lateralmente na célula.

Apenas uma espécie identificada:

P. SPINULOSA (SCHMIDLE) SCHMIDLE (FIG. 51-53)

Biologisches Zentralblatt 5(1): 17-18. 1899.

Basiônimo: *Tetraëdron spinulosum* Schmidle, Allgemeine botanischen Zeitschrift 2: 193, fig. 2. 1896.

Indivíduos solitários, célula piramidal, margens côncavas ou levemente convexas, ângulos truncados, 2-4 setas por ângulo, 20-35,6 µm de um ângulo ao outro, setas (13-)25-35 µm compr., cloroplastídio 1, laminar, parietal, pirenoide 1, lateral na célula, parede celular delgada.

Hábitat: plâncton e perifíton.

DISTRIBUIÇÃO GEOGRÁFICA

EM LITERATURA: **Estado do Rio de Janeiro** (Nogueira 1991a), **Estado do Rio Grande do Sul** (Rodrigues *et al.* 2007), **Estado de São Paulo** (Leite 1974, Sant'Anna 1984, Sant'Anna *et al.* 1989, Ramírez 1996, Crossetti 2002, Tucci *et al.* 2006).

Material examinado: **Município de Juquiá** (SP113672). **Município de Miguelópolis** (SP365690). **Município de Mirante do Paranapanema** (SP130973). **Município de Pedro de Toledo** (SP365691).

Comentários

Polyedriopsis spinulosa (Schmidle) Schmidle é, atualmente, a única espécie do gênero e facilmente reconhecida ao microscópio pela forma de almofada de suas células, cujos ângulos são ornados com tufos de duas a quatro setas.

3.1.13 *SCHROEDERIA* LEMMERMANN 1898

Indivíduos unicelulares, solitários e de vida livre. A célula é alongada, em geral fusiforme, e pode ser reta, levemente curva ou torcida em forma de "S", porém sempre com ambas as extremidades continuando em um espinho sólido, relativamente longo e pontiagudo. A célula jovem tem só um cloroplastídio laminar, situado parietal e lateralmente, com um pirenoide na porção mais ou menos central do plastídio. Quando adulta, a célula tem vários plastídios parietais com a forma de bandas transversais, cada uma com um pirenoide.

Chave para identificação das *Schroederia* do Estado de São Paulo:

1. Setas longas, retas ou muito levemente curvas.
   2. Setas 5-7 vezes mais longas que o corpo da célula .... *S. antillarum*
   2. Setas quase tão longas quanto o corpo da célula .... *S. planctonica*
1. Setas relativamente curtas, retas ou regular ou irregularmente curvas.
   3. Setas regular ou irregularmente curvas ....*S. spiralis*
   3. Setas retas, raro muito pouco curvas ....*S. indica*

S. ANTILLARUM KOMÁREK (FIG. 54)

Nova Hedwigia 37: 74, pl. 2, fig. 2. 1983.

Indivíduos isolados, células fusiformes, (14-)53,9-65 µm compr. incluindo setas, 2-5,8 µm larg., setas longas, retas ou muito levemente curvas, 5-7 vezes mais longas que o corpo da célula, 6-20 µm compr., parede celular delgada, firme, cloroplastídio 1, parietal, laminar, ocupando toda periferia interna da célula, bordo liso, pirenoide 1.

Hábitat: plâncton e perifíton.

Distribuição Geográfica

Em literatura: **Estado de São Paulo** (Souza 2000, Fernandes & Bicudo 2009).

Material examinado: **Município de Araçatuba** (SP239239). **Município de Bertioga** (SP390854). **Município de São Paulo** (SP115427, SP390826, SP390903).

Comentários

A diferença entre *S. antillarum* Komárek e *S. robusta* Koršikov está nas dimensões da célula, a primeira medindo ao redor de 22(-40) μm de comprimento por 2-2,5 μm de largura e a segunda 50-140 μm de comprimento por 3-8 μm de largura. As características morfológicas descritivas são praticamente idênticas.

Calijuri (1999: fig. 21) ilustrou um exemplar que identificou com *Schroederia* sp. Embora a ilustração careça de maiores detalhes, deve ser de um representante de *S. antillarum* devido à pequena curvatura da célula.

S. indica Philipose (Fig. 55)

Chlorococcales. 90, fig. 19. 1967.

Indivíduos isolados, células em geral lunadas, raro fusiformes, (31,5-)54-60 μm compr. incluindo setas, 34-41,5 μm sem setas, 3-6 μm larg., setas relativamente curtas, retas, raro pouco curvas, 0,7-0,8 vez mais longas que o corpo da célula, 8,1-9,4 μm compr., parede celular delgada, cloroplastídio 1, parietal, laminar, ocupando internamente toda a periferia celular, bordo liso, pirenoides 1-4.

Hábitat: plâncton e perifíton.

Distribuição Geográfica

Em literatura: **Estado do Rio Grande do Sul** (Torgan 1997), **Estado de São Paulo** (Sant'Anna *et al.* 1989, Bicudo *et al.* 1999, Gentil 2000, Tucci 2002, Barcelos 2003, Fonseca 2005, Tucci *et al.* 2006, Dellamano-Oliveira *et al.* 2007, Fernandes & Bicudo 2009).

Material examinado: **Município de Jacupiranga** (SP336346). **Município de Junqueirópolis** (SP390857). **Município de Novo Horizonte** (SP390840). **Município de São Paulo** (SP390899).

COMENTÁRIOS

Schroederia indica Philipose é uma espécie prontamente identificada pelo formato mais ou menos acentuadamente lunado de seus representantes, os quais mostram uma diferença clara entre margens dorsal (convexa) e ventral (quase reta a côncava). Só muito raramente a célula é fusiforme e reta. Outra característica desta espécie são as setas relativamente mais grosseiras e, portanto, mais conspícuas que nas demais espécies do gênero.

S. PLANCTONICA (SKUJA) PHILIPOSE (FIG. 56)

Chlorococcales. 90, fig. 19. 1967.

Basiônimo: *Characium planctonicum* Skuja, Nova Acta Regiae Societatis Scientiarum Upsaliensis: sér. 4, 14(5): 60, pl. 10, fig. 1-11. 1949.

Indivíduos isolados, células fusiformes, 12-70 µm compr. incluindo setas, 5-15 µm larg., setas relativamente longas, quase tão longas quanto o corpo da célula, 4-20 µm compr., parede celular relativamente espessa, cloroplastídio 1, parietal, laminar, ocupando internamente toda periferia celular, bordo liso, pirenoide 1, central.

Hábitat: perifíton.

DISTRIBUIÇÃO GEOGRÁFICA

EM LITERATURA: **Estado de São Paulo** (Sant'Anna *et al.* 1988, Ferreira 1998, 2005).

MATERIAL EXAMINADO: **Município de Novo Horizonte** (SP390840). **Município de São Paulo** (SP390826, SP390904).

COMENTÁRIOS

Schroederia planctonica (Skuja) Philipose lembra certas formas de *S. antillarum* Komárek que possuem célula fusiforme. A diferença está na espessura da parede celular, ou seja, *S. planctonica* tem parede comparativamente mais espessa e bem mais conspícua do que *S. planctonica*. Pelo fato de ser comparativa, esta diferença só pode ser observada em populações.

O material ilustrado em Sant'Anna *et al.* (1988: fig. 7) deve ser identificado com *S. setigera* (Schröder) Lemmermann com base na morfologia e medidas da célula.

S. spiralis (Printz) Koršikov (Fig. 57)

Viznachnik prisnovodnihk vodorostey Ukrainsykoi RSR [Vyp] 5: 153, fig. 95. 1953.

Basiônimo: *Ankistrodesmus nitzschioides* G.S. West var. *spiralis* Printz, Skrifter udg. af Videnskabsselskabet i Christiania 1913(6): 97, pl. 7, fig. 220-223. 1914.

Indivíduos isolados, células fusiformes, 12-30 µm compr. incluindo setas, 5-8 µm larg., setas relativamente curtas, regular ou irregularmente curvas, até torcidas em hélice (sacarrolhas), raro retas, 1-1,5 vez mais longas que o corpo da célula, 9,6-12,8 µm compr., parede celular delgada, cloroplastídio 1, parietal, laminar, ocupando internamente toda periferia celular, bordo liso, pirenoide 1.

Hábitat: plâncton e perifíton.

Distribuição Geográfica

Em literatura: **Estado do Rio de Janeiro** (Huszar 1985), **Estado de São Paulo** (Lopes 1999, Fernandes & Bicudo 2009).

Material examinado: **Município de São Paulo** (SP390904).

Comentários

A presença de setas relativamente curtas, raro retas, em geral regular ou irregularmente curvas, até torcidas em hélice como um sacarrolhas, torna *S. spiralis* (Printz) Koršikov uma espécie única dentro do gênero. Por conta, entretanto, dessas mesmas características, *S. spiralis* lembra *S. ecsediensis* Hortobágyi, da qual difere pelas setas relativamente mais longas que dão continuidade ao eixo mediano longitudinal da célula. Em *S. ecsediensis*, as setas são bem mais curtas e enroladas em hélice uma vez.

3.1.14 *Tetraëdron* Kützing 1845

Indivíduos unicelulares de hábito solitário e vida livre. A forma da célula é extremamente variada, podendo ser triangular, quadrangular e até poliédrica. De todas essas formas, a quadrangular (tetraédrica) é a mais comum. Os ângulos podem ser projetados em processos simples ou ramificados ou terminar em espinhos curtos, ora mais grosseiros, ora bem delicados, no entanto sempre mais longos do que o corpo da célula e cuja base é intumescida em algumas espécies. A parede celular pode ser lisa ou decorada com escrobículos ou verrugas. A decoração não apresenta qualquer padrão de organização. O cloroplastídio é único por célula, tem localização parietal e sua forma acompanha internamente a forma da célula. O pirenoide também é único por célula e situa-se aproximadamente no centro da mesma.

Chave para identificação dos *Tetraëdron* do Estado de São Paulo:

1. Ângulos em planos distintos (célula tetraédrica).
   2. Vista lateral da célula aproximadamente
      hemisférica .... *T. hemisphaericum* (em parte)
   2. Vista lateral da célula não hemisférica .... *T. quadrilobatum* (em parte)
1. Ângulos no mesmo plano (célula 3-5-angular).
   3. Célula 3-angular.
      4. Ângulos amplamente arredondados.
         5. Vista lateral da célula aproximadamente
            hemisférica ....*T. hemisphaericum* (em parte)
         5. Vista lateral da célula não hemisférica.
            6. Ângulos com espinho curto, às vezes 1 papila .... *T. triangulare*
            6. Ângulos lisos, sem espinho ou papila .... *T. tumidulum*
      4. Ângulos acuminados a acuminado-arredondados.
         7. Ângulos decididamente acuminados.
            8. Pirenoide presente .... *T. lobulatum* var. *triangulare*
            8. Pirenoide ausente.
               9. Ângulos pouco pronunciados que alcançam, no máximo,
                  1/4 do corpo celular .... *T. trigonum* var. *trigonum*
               9. Ângulos bastante pronunciados que alcançam, no mínimo,
                  1/3 do corpo celular .... *T. trigonum* f. *gracile*
         7. Ângulos acuminado-arredondados.
            10. Ângulos ornados com
                papila ....*T. minimum* var. *"apiculato-scrobiculatum"*
            10. Âgulos ornados com espinho.
               11. Ângulos acuminado-arredondados, margem entre os ângulos
                   mais ou menos acentuadamente côncava .... *T. trilobulatum*
               11. Ângulos acuminados, margem entre os ângulos reta
                   ou suavemente côncava.
                  12. Parede celular lisa ....*T. regulare* var. *regulare*
                  12. Parede celular finamente granulada ..... *T. regulare* var. *granulata*
   3. Célula 4-5-angular.
      13. Célula 4-angular.
         14. Ângulos arredondados ou acuminados, destituídos de espinho
             ou processo.
            15. Ângulos acuminados .... *T. quadrilobatum* (em parte)
            15. Ângulos arredondados.
               16. Ângulos acutangular-
                   arredondados .... *T. quadrilobatum* (em parte)
               16. Ângulos retangular-arredondados .. *T. minimum* var. *minimum*

14. Ângulos com espinho ou extremidade 2-denticulada
ou 2-lobulada.
   17. Ângulos prolongados em processo curto, extremidade
2-denticulada .... *T. planctonicum* (em parte)
   17. Ângulos 2-lobados, lobos relativamente longos, extremidade
2-denticulada .... *T. gracile*
13. Célula 5-angular.
   18. Célula com 4 lados retos a suavemente côncavos e
o outro com 1 incisão profunda .... *T. caudatum*
   18. Célula com os 5 lados convexos .... *T. planctonicum* (em parte)

T. caudatum (Corda) Hansgirg (Fig. 58-59)

Hedwigia 27: 131. 1888.

Basiônimo: *Astericium caudatum* Corda, Almanach de Carlsbad 9: 238, pl. 1, fig. 2. 1839.

Células isoladas, achatadas, 5-angulares, 4 lados retos a suavemente côncavos, o outro com 1 incisão profunda, ângulos arredondados, todos terminados em 1 espinho, (5-)7,2-12,6 μm de um ângulo ao outro oposto, cloroplastídio 1, parietal, pirenoide 1, central ou não.

Hábitat: plâncton e perifíton.

Distribuição Geográfica

Em literatura: **Estado de Mato Grosso do Sul** (Felisberto *et al.* 2001), **Estado do Pará** (Thomasson 1971, 1977, Martins-da-Silva 1996, 1997), **Estado do Paraná** (Moresco 2006), **Estado do Rio de Janeiro** (Huszar *et al.* 1988), **Estado do Rio Grande do Sul** (Bohlin 1897, Franceschini 1992, Tedesco 1995, Garcia & Vélez 1995, Salomoni 1997, Torgan *et al.* 2001), **Estado de São Paulo** (Leite 1974, Sant'Anna 1984, Sant'Anna *et al.* 1988, Silva 1999, Bicudo *et al.* 1999, Ferragut *et al.* 2005, Tucci *et al.* 2006, Fernandes & Bicudo 2009).

Material examinado: **Município de Arujá** (SP130815). **Município de São Paulo** (SP390905).

Comentários

Esta é uma das espécies de *Tetraëdron* de mais fácil identificação por conta da forma pentagonal da célula, em que quatro margens são levemente côncavas ou até retilíneas e a quinta apresenta uma incisão mais ou menos profunda.

Leite (1974) e Sant'Anna (1984) afirmaram ser esta uma espécie relativamente rara no Estado de São Paulo, desde que havia sido coletada apenas no Município de Arujá. O outro material de *T. caudatum* (Corda) Hansgirg ora estudado procedeu do Município de São Paulo, de um reservatório (Lago do IAG) situado no Parque Estadual das Fontes do Ipiranga, porém através de grande quantidade de espécimes.

O exemplar figurado em Tucci *et al.* (2006) mostrou todos os lados retos ou muito suavemente convexos, não apresentando o lado inciso diagnóstico desta espécie.

T. GRACILE (REINSCH) HANSGIRG (FIG. 60)

Hedwigia 28(1): 19. 1889.

Basiônimo: *Polyedrium gracile* Reinsch, Notarisia 3(11): 502, pl. 6, fig. 1b-c. 1888.

Células isoladas, achatadas, 4-angulares, margem entre ângulos côncava, ângulos 2-lobados, lobos estreitos, relativamente longos, terminados por 2 dentículos paralelos ou pouco divergentes, ca. 40 µm de lado incluindo processos, ca. 16 µm sem processos, cloroplastídios vários, parietais, aproximadamente discoides, pirenoide ausente.

Hábitat: plâncton.

DISTRIBUIÇÃO GEOGRÁFICA

EM LITERATURA: **Estado de São Paulo** (Leite 1974, Sant'Anna 1984, Fernandes & Bicudo 2009).

MATERIAL EXAMINADO: **Município de Itatinga** (SP336347). **Município de São Paulo** (SP115431).

COMENTÁRIOS

De Toni (1889) propôs originalmente *T. gracile* (Reinsch) Hansgirg como uma forma taxonômica: *T. trigonum* (Nägeli) Hansgirg f. *gracile* (Reinsch) De Toni. Contudo, diversos autores referiram f. *gracile* (Reinsch) De Toni como uma variedade [*T. trigonum* (Nägeli) Hansgirg var. *gracile* (Reinsch) De Toni], atribuindo a autoridade da variedade ao próprio De Toni, como se ele a houvesse proposto.

Preferimos considerar *T. gracile* uma espécie distinta e não uma forma ou variedade taxonômica de *T. trigonum* (Nägeli) Hansgirg, por considerar bastante significativa a diferença de forma da primeira em relação à segunda. Uma vez que a base para separar espécies em *Tetraëdron* ainda é eminentemente morfológica, entendemos que as características morfológicas de f. *gracile* são suficientes para garantir-lhe o nível espécie: *T. gracile*.

Kováčik (1975b) considerou problemática a posição sistemática desta alga entre as Chlorophyceae e levantou a possibilidade de ser uma Xanthophyceae, provavelmente idêntica a *Goniochloris fallax* Fott, e, portanto, seu sinônimo heterotípico (taxonômico). A razão da dúvida é a ausência de pirenoide em *T. gracile*.

T. hemisphaericum Skuja (Fig. 61-62)

Nova Acta Regiae Societatis Scientiarum Upsaliensis: sér. 4, 14(5): 64, pl. 10, fig. 28-31. 1949.

Células isoladas, triangulares, margem entre ângulos côncava, ângulos amplamente arredondados, destituídos de espinho ou acúleo, (15-)29-50 μm compr., (18-)31-55 μm larg., vista lateral aproximadamente hemisférica, cloroplastídio 1, parietal, pirenoide 1, mais ou menos central, parede celular relativamente espessa, pontuada, espessada nos ângulos.

Hábitat: plâncton e perifíton.

Distribuição Geográfica

Em literatura: nada consta.

Material examinado: **Município de Atibaia** (SP104543). **Município de Boituva** (SP188206). **Município de Guará** (SP239038). **Município de Miracatu** (SP113679). **Município de Palmital** (SP390865). **Município de Sertãozinho** (SP390831). **Município de Ubatuba** (SP96892). **Município de Urânia** (SP239237).

Comentários

Tetraëdron hemisphaericum Skuja é extremamente típico pela vista lateral da célula hemisférica.

T. lobulatum (Nägeli) Hansgirg var. *triangulare* Playfair (Fig. 63)

Proceedings of the Linnean Society of New South Wales 37(3): 519, pl. 56, fig. 11. 1913.

Células isoladas, achatadas, 3-angulares, margem entre os ângulos reta ou suavemente côncava, ângulos acuminados, 1 espinho, 16-34 μm de um ângulo ao outro oposto, cloroplastídio 1, parietal, pirenoide 1, central, parede celular relativamente espessa.

Hábitat: perifíton.

Distribuição Geográfica

Em literatura: **Estado de Minas Gerais** (Borge 1918), **Estado de São Paulo** (Borge 1918).

Material examinado: **Município de Palmital** (SP390864). **Município de São Paulo** (SP390897). **Município de Urânia** (SP239237).

Comentários

Tetraëdron lobulatum (Nägeli) Hansgirg var. *triangulare* Playfair difere da variedade-tipo da espécie pela célula triangular, achatada, e os três ângulos ornamentados apenas com um espinho bem curto.

Borge (1918) noticiou a ocorrência de *T. lobulatum* (Nägeli) Hansgirg em Campinas, Estado de São Paulo. O material que estudou proveio de um pequeno corpo d'água em Colônia Isabel. O referido autor não descreveu nem ilustrou o material que identificou. O material de Campinas é o mesmo da exsicata nº 580 da coleção de Wittrock & Nordstedt (1883). Borge (1918) também fez referência ao fato de a espécie já ter sido noticiada para o Estado de Minas Gerais.

O material da exsicata nº 580 acima referida é extremamente escasso para permitir a preparação de lâminas para seu reestudo. Por esta razão, deixamos de confirmar a identificação da espécie em Borge (1918).

T. minimum (A. Braun) Hansgirg var. *minimum* (Fig. 64-65)

Hedwigia 27(5-6): 131, pl. 3, fig. 18. 1888.

Basiônimo: *Polyedrium minimum* A. Braun, Algarum unicellularum genera nova vel minus cognita. 94. 1855.

Células isoladas, achatadas, 4-angulares, margem entre os ângulos côncava, ângulos arredondados, destituídos de espinhos ou processos, às vezes 1 papila, 8,2-11,8 μm de um ângulo ao outro oposto, cloroplastídio 1, parietal, pirenoide 1, central, parede celular pontuada.

Hábitat: plâncton e perifíton.

Distribuição Geográfica

Em literatura: **Estado do Amazonas** (Uherkovich & Schmidt 1974, Sant'Anna & Martins 1982), **Estado do Espírito Santo** (Huszar *et al.* 1990), **Estado de Mato Grosso** (Borge 1918), **Estado de Mato Grosso do Sul** (Bohlin 1897), **Estado do Pará** (Huszar 1994, Martins-da-Silva 1996, 1997), **Estado do Paraná** (Picelli-Vicentim 1987, Moresco 2006), **Estado do Rio de Janeiro** (Huszar 1986, Huszar *et al.* 1988, Huszar & Esteves 1988), **Estado do Rio Grande do Sul** (Bohlin 1897, Borge 1918, Bicudo & Martau 1974, Huszar 1977, 1979, Garcia & Vélez 1995), **Estado de São Paulo** (Leite 1974, Sant'Anna 1984, Sant'Anna *et al.* 1988, Sant'Anna *et al.* 1989, Beyruth *et al.* 1998a, Silva 1999, Bicudo *et al.* 1999, Biesemeyer 2005, Ferragut *et al.* 2005, Tucci *et al.* 2006, Fernandes & Bicudo 2009, Rosini *et al.* 2012), **Distrito Federal** (Giani & Pinto-Coelho 1986: identificada só ao nível espécie, não de variedade).

Material examinado: **Município de Araçatuba** (SP239239). **Município de Palmital** (SP390866). **Município de Pedro de Toledo** (SP365691). **Município de Penápolis** (SP239238). **Município de Pitangueiras** (SP355382). **Município de Salmourão** (SP390859). **Município de Santo André** (SP130440, SP130448). **Município de São Bernardo do Campo** (SP130788). **Município de São Paulo** (SP391357, SP400153, SP400154, SP400158).

Comentários

O material ora estudado difere daquele em Picelli-Valentim (1987) por apresentar a parede celular lisa, não granulada. Muito provavelmente, o material identificado pela referida autora seja representante de *T. minimum* (A. Braun) Hansgirg var. *scrobiculatum* Lagerheim. As células dos materiais das sete localidades em que foi coletado no Estado de São Paulo sempre foram pouco maiores do que as medidas constantes em Sant'Anna *et al.* (1988), Garcia & Vélez (1995) e Ferragut *et al.* (2005). Tal diferença não tem, entretanto, qualquer significado no processo da identificação taxonômica de *T. minimum* var. *minimum*.

Huszar (1979) mencionou a ocorrência rara desta espécie após coletá-la apenas em uma ocasião, março de 1976, ao longo dos 15 meses sucessivos de estudo no lago da barragem Santa Bárbara, Estado do Rio Grande do Sul. Não se trata, contudo, de material raro no Estado de São Paulo. De fato, a variedade-tipo da espécie ocorreu em poucas localidades, contudo, todas as vezes em que foi coletada esteve representada por considerável número de indivíduos, em geral entre 15 e 20.

T. minimum (A. Braun) Hansgirg var. *"apiculato-scrobiculatum"* (Reinsch, Lagerheim) Skuja (Fig. 66)

Nova Acta Regiae Societatis Scientiarum Upsaliensis: sér. 4, 16(3): 176, pl. 26, fig. 19. 1956.

Basiônimos (?): *Polyedrium minimum* A. Braun f. *apiculata* Reinsch, Notarisia 3(11): 499, pl. 4, fig. 2c. 1888 e *Tetraëdron minimum* (A. Braun) Hansgirg var. *scrobiculatum* Lagerheim, Notarisia 3(12): 591. 1888.

Células isoladas, achatadas, 4-angulares, margem côncava entre os ângulos, mais ou menos angulosa, 6,5-32 µm de um ângulo ao outro oposto, ângulos acuminados, adornados com 1 papila, papila 2-3,6 µm alt., cloroplastídio 1, parietal, pirenoide 1, central, parede celular finamente pontuada.

Hábitat: plâncton e bentos.

Distribuição Geográfica

Em literatura: **Estado do Rio de Janeiro** (Huszar *et al.* 1988, Nogueira 1991a, 1994; como *T. minimum* var. *scrobiculatum*), **Estado de São Paulo** (Leite 1974, Sant'Anna 1984, Sant'Anna *et al.* 1989, Bicudo *et al.* 1999, Tucci *et al.* 2006; como *T. minimum* var. *scrobiculatum*).

Material examinado: **Município de Miracatu** (SP113682). **Município de Paraguaçu Paulista** (SP390852). **Município de São Carlos** (SP104699). **Município de Ubatuba** (SP96892).

Comentários

Skuja (1956) propôs a reunião da f. *apiculatum* Reinsch e da var. *scrobiculatum* Lagerheim em uma única variedade, que denominou var. *"apiculato-scrobiculatum"* (Reinsch, Lagerheim) Skuja. Trata-se de uma proposição inusitada desde que Skuja (1956) reuniu os epítetos da variedade e da forma taxonômica em um só, hifenizando o epíteto resultante e atribuindo a autoridade do epíteto misto aos dois autores originais: Reinsch e Lagerheim. Tal situação não está de acordo com o Código Internacional de Nomenclatura para Algas, Fungos e Plantas (Código de Shenzhen), pois Skuja (1956) deveria ter optado pelo mais antigo dos dois epítetos das plantas que reuniu e, então, efetuar a nova combinação. No caso, *Polyedrium minimum* A. Braun f. *apiculata* Reinsch e *Tetraëdron minimum* (A. Braun) Hansgirg var. *scrobiculatum* Lagerheim datam do mesmo ano: 1888, sendo o primeiro de julho e o segundo de outubro. Assim, o epíteto *apiculata* tem precedência e deveria prevalescer sobre *scrobiculatum*.

O nome *T. minimum* (A. Braun) Hansgirg var. *"apiculato-scrobiculatum"* (Reinsch, Lagerheim) Skuja ou *T. minimum* (A. Braun) Hansgirg var. *apiculato-scrobiculatum* (Reinsch) Skuja, como referido no "Algaebase", é provisório e sujeito a verificação (www.algaebase.org).

Utilizamos neste trabalho o nome *T. minimum* (A. Braun) Hansgirg var. *"apiculato-scrobiculatum"* (Reinsch, Lagerheim) Skuja, como consta na literatura, incluindo o epíteto varietal entre aspas para mostrar seu caráter provisório, até que seja providenciada a combinação adequada.

A parede celular escrobiculada difere a presente var. *scrobiculatum* Lagerheim da típica da espécie. Autores como Smith (1920), por exemplo, não consideraram pontuação da parede uma característica marcante para separar as duas variedades em pauta. Para o último autor, a var. *scrobiculatum* Lagerheim seria um sinônimo heterotípico da típica da espécie. Preferimos considerar por enquanto, a exemplo de Sant'Anna (1984), as duas variedades separadas, embora escrobiculação da parede seja uma característica que se torna mais visível com a idade do indivíduo e, melhor ainda, com a impregnação da parede por sais do ambiente, principalmente sais de ferro. Segundo Kováčik & Kalina (1975), a ultraestrutura da parede celular de *T. minimum* (A. Braun) Hansgirg apresenta um padrão característico representado por uma rede superficial formada pelo enrugamento das duas camadas externas da parede celular, e esta rede é mais grosseira e coberta por diminutas papilas na var. *scrobiculatum* Lagerheim e mais delicada e destituída de papilas na variedade-tipo da espécie. Esta afirmação reforça a manutenção da primeira variedade independente da última.

Tetraëdron minimum (A. Braun) Hansgirg var. *scrobiculatum* Lagerheim difere de *T. minimum* (A. Braun) Hansgirg var. *"apiculato-scrobiculatum"* (Reinsch, Lagerheim) Skuja graças à parede celular escrobiculada e não pontuada.

Kováčik (1975a) observou que indivíduos jovens da última variedade apresentam uma papila na extremidade de cada ângulo da célula, a qual desaparece ou torna-se inconspícua com a idade.

T. planctonicum G.M. Smith (Fig. 67)

Bulletin of the Torrey Botanical Club 43: 479, fig. 19-20. 1916.

Células isoladas, achatadas, 4-5-angulares, margem entre ângulos convexa, ângulos prolongados em processo curto, extremidade 2-denticulada, 30,5-34 µm de um ângulo ao outro oposto incluindo espinhos, 18,4-18,8 μm sem espinhos, espinhos amplamente divergentes, às vezes 2-furcados, dentículos curtos, levemente divergentes, cloroplastídio 1, parietal, pirenoide ausente.

Hábitat: plâncton.

Distribuição Geográfica

Em literatura: **Estado de São Paulo** (Leite 1974, Sant'Anna 1984, Fernandes & Bicudo 2009).

Material examinado: **Município de Juquiá** (SP113664).

Comentários

Tetraëdron planctonicum G.M. Smith lembra *T. limneticum* Borge, do qual difere pela margem convexa e não côncava entre os ângulos celulares.

Krienitz & Heynig (1992) consideraram *T. planctonicum* o basiônimo de *Pseudostaurastrum planctonicum* (G.M. Smith) L. Krienitz & H. Heynig por apresentar vários plastídios discoides destituídos de pirenoide, o que sugeriu aos autores ser uma Xanthophyceae não uma Chlorophyceae. As ilustrações originais em Smith (1916: fig. 19-20), designadas o iconótipo (holótipo) de *T. planctonicum* por Krienitz & Heynig (1992), mostram apenas a forma da célula. A sinonímia proposta em Krienitz & Heynig (1992) está baseada na identidade morfológica dos espécimes que examinaram com o iconótipo de *T. planctonicum*. Kovacik (1975a) incluiu *T. planctonicum* na lista de espécies que não revisou ou cujo conhecimento era então insuficiente, aventando a possibilidade de ser um *Pseudostraurastrum*: *Pseudostraurastrum* sp.

T. quadrilobatum G.M. Smith (Fig. 68)

Transactions of the Wisconsin Academy of Sciences, Arts and Letters 20: 333, pl. 8, fig. 14-18. 1922.

Células isoladas, achatadas ou tetraédricas, margem entre ângulos mais ou menos côncava, ângulos levemente acuminados a amplamente arredondados, destituídos de espinho ou processo, 10-13 μm de um ângulo ao outro oposto, cloroplastídio 1, parietal, pirenoide 1, central, às vezes ausente.

Hábitat: plâncton.

Distribuição Geográfica

Em literatura: **Estado de São Paulo** (Sant'Anna *et al.* 1989, Fernandes & Bicudo 2009).

Material examinado: **Município de São Paulo** (SP390899).

Comentários

Há duplicidade na grafia do epíteto específico desta espécie. A grafia original e correta é *quadrilobatum*, embora em algumas ocasiões apareça grafado *quadrilobum*. Sob a última grafia foi, inclusive, considerado por Komárek & Fott (1983) sinônimo de *T. regulare* Kützing.

Tetraëdron quadrilobatum G.M. Smith difere de *T. regulare* por possuir os ângulos celulares desprovidos de ornamentação, ou seja, lisos ou, como refere a descrição original da espécie em inglês, "broadly rounded", que, traduzindo para o português, significa amplamente arredondado. *Tetraëdron regulare* tem espinhos bastante pequenos, quase papilas. Tal separação bastante consistente levou-nos a considerar *T. quadrilobatum* uma espécie independente de *T. regulare* e jamais um seu sinônimo heterotípico (taxonômico).

T. REGULARE **KÜTZING VAR.** *REGULARE* **(FIG. 69-70)**

Phycologia germanica. 129. 1845.

Células isoladas, achatadas, 3-angulares, ângulos acuminados, terminados em espinho bastante curto, quase uma papila, 14-27 µm de um ângulo ao outro oposto incluindo espinhos, 8-25 µm sem espinhos, cloroplastídio 1, parietal, pirenoide ausente, parede celular lisa.

Hábitat: plâncton e perifíton.

Distribuição Geográfica

Em literatura: **Estado de Mato Grosso** (Borge 1918), **Estado do Paraná** (Picelli-Vicentim 1987, Moresco 2006), **Estado do Rio Grande do Sul** (Rosa & Oliveira 1990), **Estado de São Paulo** (Borge 1918, Bicudo & Bicudo 1967, Leite 1974, Sant'Anna 1984, Bicudo *et al.* 1999, Tucci *et al.* 2006, Fernandes & Bicudo 2009).

Material examinado: **Município de Álvares Florence** (SP355381). **Município de Boituva** (SP188206). **Município de Guará** (SP239038). **Município de Ibitinga**

(SP390832). **Município de Ituverava** (SP239039). **Município de Palmital** (SP390864, SP390865). **Município de Salmourão** (SP390859).

COMENTÁRIOS

Tetraëdron regulare Kützing é prontamente reconhecido pela forma tetraédrica da célula. Pode, entretanto, ser confundido com representantes de *Tetraplektron*, especialmente de *T. laevis* (Bourrelly) Ettl, dos quais difere pelo plastídio único, e não vários disciformes, e sem pirenoide em cada célula da última espécie. Desde que a gama de variação das medidas das duas espécies é bastante semelhante, exemplares sem plastídio são de identificação bastante difícil, senão impossível.

Tucci *et al.* (2006) identificaram espécimes desta espécie coletados no Lago das Garças, que mediram 6,5-7,5 μm de diâmetro.

As populações ora examinadas reforçaram as observações sobre a variação morfológica na espécie feitas em Picelli-Vicentim (1987). Verificou-se, presentemente, variação no que tange à forma da célula, que apresentou as margens ora retilíneas, ora suavemente convexas, ora mais ou menos acentuadamente côncavas. Variou também o espinho que encima os ângulos celulares, que ora se apresentou mais longo, ora mais curto, ora substituído por uma estrutura mamiliforme, ora completamente ausente. Tal variação provocou, consequentemente, dificuldade na identificação do que seja, de fato, *T. regulare*. Expressões morfológicas dentro do espectro contínuo de variação morfológica das populações examinadas podem ser identificadas, se tomadas separadamente, com diferentes táxons de níveis infraespecíficos da referida espécie. Sugerimos, ante tal variabilidade, uma avaliação cuidadosa para definir o que realmente é *T. regulare*. Esta avaliação inclui, obrigatoriamente, trabalhos de cultivo sob condições controladas e variáveis para conhecer a variação morfológica intrapopulacional e suas causas. Estudos de biologia molecular também deverão ser realizados com o fim de conhecer uma possível variação genética intra e interpopulacional.

T. REGULARE KÜTZING VAR. *GRANULATA* PRESCOTT (FIG. 71-72)

Farlowia 1: 359, pl. 3, fig. 1. 1944.

Células isoladas, achatadas, 3-angulares, ca. 25,4 μm de um ângulo ao outro oposto incluindo espinhos, ca. 22,8 μm sem espinhos, ângulos acuminados, terminados em 1 espinho relativamente curto, cloroplastídio 1, parietal, pirenoide ausente, parede celular pontuada, finamente granulosa.

Hábitat: perifíton.

Distribuição Geográfica

Em literatura: nada consta.

Material examinado: **Município de Álvares Florence** (SP355381).

Comentários

Esta variedade difere da típica da espécie por apresentar a parede celular pontuada e finamente granulosa.

O único exemplar ora identificado foi coletado de um açude situado na altura do Km 139 da rodovia SP-461, no Município de Álvares Florence. Apesar de único, esse espécime pôde ser facilmente identificado por apresentar todas as características diagnósticas, especialmente a parede celular pontuada e finamente granulada de *T. regulare* Kützing var. *granulata* Prescott.

Komárek & Fott (1983) consideraram esta variedade um sinônimo heterotípico (taxonômico) de *T. regulare* var. *regulare*. De fato, há considerável semelhança morfológica entre os representantes da presente variedade e os da típica da espécie. Contudo, a parede celular pontuada e, mais do que tudo, finamente granulosa de *T. regulare* var. *granulata* constitui diferença suficiente para manter a última uma variedade independente da típica da espécie.

T. triangulare Koršikov (Fig. 73)

Viznachnik prisnovodnihk vodorostey Ukrainsykoi RSR [Vyp] 5: 239, fig. 180. 1953.

Células isoladas, achatadas, 3-angulares, 8-28 μm de um ângulo ao outro oposto, margem entre ângulos reta ou levemente côncava na parte média, ângulos arredondados, terminados em 1 espinho reto, curto, às vezes em papila, cloro-plastídio 1, parietal, pirenoide 1, central.

Hábitat: plâncton e perifíton.

Distribuição Geográfica

Em literatura: **Estado do Amazonas** (Bittencourt-Oliveira 1990), **Estado do Paraná** (Moresco 2006), **Estado de São Paulo** (Tucci *et al.* 2006, Fernandes & Bicudo 2009).

Material examinado: **Município de Araçatuba** (SP239239). **Município de Boituva** (SP188206). **Município de Campos do Jordão** (SP188521). **Município de Guará

(SP239038). **Município de Penápolis** (SP239238). **Município de São Carlos** (SP104699). **Município de Urânia** (SP239237).

COMENTÁRIOS

Quanto à forma da célula, os representantes de *T. triangulare* Koršikov lembram os de *Tetraplektron laevis* (Bourrelly) Fott, uma Xanthophyceae. A diferença reside em que os últimos possuem vários plastídios discoides por célula e não apresentam pirenoide.

T. trigonum (Nägeli) Hansgirg f. *trigonum* (Fig. 74)

Hedwigia 27(5-6): 130. 1888.

Basiônimo: *Polyedrium trigonum* Nägeli, Gattungen einzelliger Algen. 84, pl. 4, fig. B, 1a-b. 1849.

Células isoladas, achatadas, 3-angulares, 35-41 μm de um ângulo ao outro oposto, incluindo espinhos, margem entre os ângulos em geral reta, suavemente convexa ou, raro, retusa na parte média, ângulos mais ou menos acuminado-arredondados, terminados em 1 espinho curto, reto ou curvo, cloroplastídio 1, parietal, pirenoide 1, central.

Hábitat: plâncton, perifíton e bentos.

DISTRIBUIÇÃO GEOGRÁFICA

EM LITERATURA: **Estado do Paraná** (Stankiewicz 1980, Picelli-Vicentim 1987, Moresco 2006), **Estado do Rio Grande do Sul** (Huszar 1979), **Estado de São Paulo** (Leite 1974, Sant'Anna 1984, Beyruth *et al.* 1998a, Bicudo *et al.* 1999, Fernandes & Bicudo 2009).

MATERIAL EXAMINADO: **Município de Igaratá** (SP371019). **Município de Itanhaém** (SP390797). **Município de Novo Horizonte** (SP336349). **Município de Palmital** (SP390864). **Município de Pitangueiras** (SP355382). **Município de Salmourão** (SP390858).

COMENTÁRIOS

O espécime relacionado na lista dos materiais identificados como *Tetraëdron* sp. em Chamixaes (1990) é, morfologicamente, bastante semelhante a *T. trigonum* (Nägeli) Hansgirg, porém, como não foi acompanhado de descrição do material estudado, somente uma ilustração sem escala, não se pode afirmar, com absoluta certeza, que seja um representante dessa espécie.

T. TRIGONUM (NÄGELI) HANSGIRG F. *GRACILE* (REINSCH) DE TONI (FIG. 75)

Sylloge algarum 2: 598. 1889.

Basiônimo: *Polyedrium trigonum* Nägeli f. *gracile* Reinsch, Die Algenflora des mittleren Theiles von Franken. 75, pl. 3, fig. 1a-b. 1867.

Células isoladas, achatadas, 3-angulares, 25-32 µm de um ângulo ao outro oposto incluindo espinhos, margem entre os ângulos côncava, ângulos bastante acuminados, pronunciados, terminados por 1 espinho curto, reto ou curvo, cloroplastídio 1, parietal, pirenoide 1, central.

Hábitat: plâncton e perifíton.

Distribuição Geográfica

Em literatura: **Estado do Rio Grande do Sul** (Huszar 1977, 1979), **Estado de São Paulo** (Leite 1974, Sant'Anna 1984).

Material examinado: **Município de Itatinga** (SP336347). **Município de São Paulo** (SP115431).

Comentários

Difere da variedade-tipo da espécie por possuir a margem côncava entre os ângulos e as projeções angulares relativamente mais estreitas e um tanto pronunciadas, além de a célula ser comparativamente maior.

Autores como Smith (1920) e Prescott (1962) consideraram a presente forma taxonômica uma variedade da referida espécie, a var. *gracile* (Reinsch) De Toni. Huszar (1979) identificou como uma forma taxonômica, *T. trigonum* f. *gracile*, o material do lago da barragem Santa Bárbara, no Estado do Rio Grande do Sul. Outros autores ainda, como Hansgirg (1889), preferiram considerar a referida f. *gracile* uma espécie, efetuando a combinação *T. gracile* (Reinsch) Hansgirg.

Vários autores discutem também a identificação de *T. trigonum* f. *gracile* como uma Xanthophyceae e, provavelmente, *Goniochloris fallax* Fott (Kováčik 1975b, Sant'Anna 1984).

T. TRILOBULATUM (REINSCH) HANSGIRG (FIG. 76)

Hedwigia 28: 18. 1889.

Basiônimo: *Polyedrium trilobulatum* Reinsch, Notarisia 3(11): 498, pl. 4, fig. 5. 1888.

Células isoladas, achatadas, 3-angulares, ca. 36 µm de um ângulo ao outro oposto incluindo espinhos, margem entre os ângulos mais ou menos côncava, ângulos acuminado-arredondados, proeminentes, terminados em 1 espinho de tamanho médio, reto, cloroplastídio 1, parietal, pirenoide 1, central.

Hábitat: perifíton.

DISTRIBUIÇÃO GEOGRÁFICA

EM LITERATURA: nada consta.

MATERIAL EXAMINADO: **Município de Santo André** (SP130439).

COMENTÁRIOS

Apesar do esforço despendido, só se conseguiu encontrar um indivíduo deste tipo, o qual foi facilmente identificado com *T. trilobulatum* (Reinsch) Hansgirg por apresentar a célula triangular. A outra espécie do gênero que apresenta este tipo de célula é *T. trigonum* (Nägeli) Hansgirg, e a distinção entre as duas se faz pelo tipo de margem entre os ângulos e do próprio ângulo, ou seja, em *T. trilobulatum* as margens são côncavas e os ângulos acuminados, enquanto em *T. trigonum* as margens são retas a levemente convexas, raro um pouco côncavas, e os ângulos são acuminado-arredondados.

Os representantes de *T. trilobulatum* lembram também, quanto à forma da célula, os de *Goniochloris iyengarii* (Ramanathan) Ettl, uma Xanthophyceae. A diferença está na existência de um cloroplastídio apenas na primeira espécie, com um pirenoide mais ou menos central, em oposição a vários plastídios discoides destituídos de pirenoide da última.

T. TUMIDULUM (REINSCH) HANSGIRG (FIG. 77-79)

Hedwigia 28: 18. 1889.

Basiônimo: *Polyedrium tumidulum* Reinsch, Notarisia 3(11): 506, pl. 6, fig. 3. 1888.

Células isoladas, achatadas, 3-angulares, 10,9-11,5 µm de um ângulo ao outro oposto, margem entre os ângulos mais ou menos acentuadamente côncava, ângulos amplamente arredondados, destituídos de espinho, cloroplastídio 1, parietal, pirenoide 1, central, parede celular lisa, relativamente fina, espessada nos ângulos.

Hábitat: perifíton.

Distribuição Geográfica

Em literatura: **Estado de São Paulo** (Sant'Anna 1984).

Material examinado: **Município de Penápolis** (SP239238).

Comentários

Sant'Anna *et al.* (1988) identificaram como *T. tumidulum* (Reinsch) Hansgirg material coletado na Represa de Serraria, Município de Juquiá, Estado de São Paulo. A descrição fornecida é sucinta, mas inclui as medidas dos espécimes identificados (8-10 µm larg.) e a presença de um único cloroplastídio parietal destituído de pirenoide.

3.1.15 *Trebouxia* Puymaly 1924

Indivíduos unicelulares que vivem, principalmente, como simbiontes de líquenes. A célula é em geral esférica ou, mais raro, ovoide ou piriforme. O cloroplastídio é único por célula, ocupa posição axial e varia quanto à forma desde estrelado até irregularmente lobado. Ocorre um pirenoide central em cada célula.

Trebouxia é, principalmente, um ficobionte (fotobionte) de líquenes, por exemplo, dos gêneros *Cladonia*, *Parmelia* e *Usnea*. Só de vez em quando representantes da alga são encontrados livres vivendo sobre a casca de troncos de árvores, no solo encharcado ou na água. Nesses casos, acredita-se que tenham escapado da simbiose liquênica ou, quando na água, dos sorédios liquênicos que não produziram novos líquenes. As referências à ocorrência de representantes de *Trebouxia* em ambientes subaéreos, no solo e, principalmente, no aquático são bastante esporádicas.

A posição taxonômica do gênero é atualmente bastante controvertida. Primeiro, por não sabermos ainda ao certo se todos os fotobiontes liquênicos descritos como trebouxioides pertencem, de fato, ao gênero *Trebouxia*. Segundo, porque também não sabemos quantas espécies atualmente descritas são consideradas "boas" espécies, isto é, encaixam-se perfeitamente na circunscrição do gênero e estão bem delimitadas taxonomicamente. Além do mais, a situação sistemática do gênero tampouco se encontra hoje definida. Conforme van den Hoek *et al.* (1995),

Trebouxia deve ser classificada na ordem Pleurastrales da classe Pleurastrophyceae. John *et al.* (2002) classificaram, entretanto, o gênero entre as Chlorococcales, referindo-se à ordem como extremamente artificial.

Trabalhos utilizando técnicas de biologia molecular, como, por exemplo, o de Friedl & Zeltner (1994), mostraram que o gênero *Trebouxia* encontra-se bem delimitado e definido por três espécies, entre as quais *T. magna* Archibald. Consideraram também que o gênero é monofilético e originado das Microthamniales.

Chave para identificação das *Trebouxia* do Estado de São Paulo:

1. Incisões marginais do cloroplastídio pouco
   profundas .... *T. xanthoriae* var. *xanthoriae*
1. Incisões marginais do cloroplastídio mais ou menos
   acentuadamente profundas.
   2. Célula 15-15,5 µm diâm. .... *T. erici*
   2. Célula 26,2-37,6 µm diâm. .... *T. magna*

T. ERICI AHMADJIAN (FIG. 80-81)

American Journal of Botany 47(8): 680, fig. 5-17. 1960.

Células isoladas, esféricas a levemente elípticas quando adultas, ovoides nas formas jovens, 15-15,5 µm diâm., cloroplastídio 1, axial, mais ou menos fortemente lobado, margem profundamente incisa, lobos achatados de encontro à face interna da parede celular, pirenoide 1, central, parede celular lisa, delgada.

Hábitat: plâncton e perifíton.

DISTRIBUIÇÃO GEOGRÁFICA

EM LITERATURA: nada consta.

MATERIAL EXAMINADO: **Município de Joanópolis** (SP390818). **Município de Pedro de Toledo** (SP390824).

COMENTÁRIOS

A espécie foi descrita de espécimes fotobiontes do líquen *Cladonia cristatella* Tuckerman, bem como coletados do tronco de árvores e do solo do Estado de Massachussetts, EUA.

T. magna Archibald (Fig. 82-83)

Phycologia 14(3): 130, fig. 10. 1975.

Células isoladas, esféricas, 26,2-37,6 µm diâm., cloroplastídio 1, axial, mais ou menos profundamente lobado, margem com incisões mais ou menos profundas, lobos amplamente truncados, pirenoide 1(-2), central, parede celular lisa, delgada.

Hábitat: plâncton e perifíton.

Distribuição Geográfica

Em literatura: nada consta.

Material examinado: **Município de Eldorado** (SP239137). **Município de Nova Granada** (SP390843). **Município de Praia Grande** (SP390839.

Comentários

Trebouxia magna Archibald foi primeiro proposta por Ahmadjian (1960) como *T. lambii*, um "nomen nudum". Archibald (1975) publicou-a de forma válida como *T. magna*.

Friedl & Zeltner (1994) mostraram, utilizando técnicas da biologia molecular, que o grupo de algas associadas a líquenes encontra-se bem resolvido taxonomicamente e definido por três espécies de *Trebouxia*, entre as quais *T. magna* Archibald. Posteriormente, entretanto, Škaloud & Peksa (2010) consideraram *Trebouxia magna* Archibald, com base também em biologia molecular, sinônimo de *Asterochloris magnus* (Archibald) Škaloud & Peksa.

T. xanthoriae (Warén) H. Řehakova var. *xanthoriae* (Fig. 84-86)

Lišejnikové rasy z rodu *Trebouxia*, *Diplosphaera* a *Myrmecia*. P. ? 1968.

Basiônimo: *Cystococcus xanthoriae* Warén, Finska Vetenskaps-Societetens Förhandlingar 1918-1919: 47, pl. 1, fig. 4, pl. 3, fig. 1. 1920.

Células normalmente isoladas, raro formando agrupamentos, esféricas, 13-32 µm diâm., cloroplastídio 1, axial, pouco lobado, margem com incisões rasas, lobos amplamente arredondados ou levemente acuminados, pirenoide 1, central, parede celular lisa, delgada.

Hábitat: plâncton e perifíton.

DISTRIBUIÇÃO GEOGRÁFICA

EM LITERATURA: nada consta.

MATERIAL EXAMINADO: **Município de Praia Grande** (SP390839). **Município de Ribeirão Bonito** (SP390821).

COMENTÁRIOS

O conhecimento da morfologia tanto externa quanto interna, bem como do ciclo reprodutivo de *Trebouxia*, está baseado em cultivos unialgais. A identificação de material fixado e preservado torna-se, consequentemente, bastante problemática, mas não impossível. Certa aproximação é sempre possível, e a certeza da identificação dependerá da coleta de mais material e do desenvolvimento de cultivos unialgais. No presente caso, a razão para considerar os materiais coletados no Estado de São Paulo representantes de *T. xanthoriae* (Waren) H. Řehakova var. *xanthoriae* foi a margem do cloroplastídio constantemente pouco lobada, com incisões rasas e lobos amplamente arredondados ou mais acuminados.

Os materiais do Estado de São Paulo de *T. xanthoriae* var. *xanthoriae* coletados em Praia Grande e Ribeirão Bonito lembram os de *T. arboricola* Puymaly devido ao plastídio estrelado e à parede celular delgada, porém os representantes da última espécie apresentam de um a vários pirenoides, enquanto os de *T. xanthoriae* somente um.

3.2 FAMÍLIA PALMELLACEAE

Indivíduos que ocorrem sempre na forma de colônias arredondadas ou amorfas, às vezes macroscópicas, formadas por grupos de células geralmente distantes uns dos outros e envoltos por bainha mucilaginosa abundante, homogênea ou estratificada. As células podem ser esféricas ou elípticas, uni ou plurinucleadas, e possuem um ou vários cloroplastídios de situação parietal e um pirenoide que pode estar presente ou ausente.

Chave para identificação dos gêneros identificados:

1. Colônia amorfa formada por células agrupadas 2 a 2 .... *Palmella*
1. Colônia esférica formada por células irregularmente distribuídas .. *Sphaerocystis*

3.2.1 *PALMELLA* LYNGBYE 1819

Indivíduos coloniais. As células podem variar de esféricas até amplamente elípticas e podem viver isoladas ou distribuírem-se aos pares ou em grupos de quatro, em grande quantidade, no interior de mucilagem extremamente abundante, homogênea e de contorno irregular. Cada célula possui apenas um cloroplastídio com a forma de copo (poculiforme) ou de urna (urceolado) e um pirenoide aproximadamente central.

O gênero é, ao que tudo indica, monoespecífico, sendo *Palmella aurantia* C. Agardh a única espécie reconhecida pelos especialistas. Há referência na literatura, contudo, a *P. miniata* Leiblein var. *aequalis* Nägeli e *P. mucosa* Kützing como duas possíveis outras espécies a serem consideradas neste gênero. Entretanto, por ser muito pouco coletado no mundo inteiro, *Palmella* permanece um gênero mal conhecido. Espécimes representantes do gênero podem ser coletados sobre solo úmido de barrancos ou sobre rochas constantemente respingadas em quedas d'água, onde aparecem como massas gelatinosas amorfas de coloração esverdeada e, por isso, facilmente visíveis à vista desarmada, entretanto são locais pouco visitados pelos especialistas. Komárek & Fott (1983) incluíram descrição e ilustração das três espécies acima, mas não incluíram uma chave para identificação das mesmas. *Palmella aurantia* C. Agardh é a única espécie do gênero identificada para o Brasil, a partir de material de um riacho localizado nas proximidades de São Carlos, no Estado de São Paulo.

Uma única espécie de *Palmella* identificada durante esta pesquisa:

P. aurantia C. Agardh (Fig. 87)

Systema algarum. 15. 1824.

Colônias amorfas, formadas por células agrupadas 2 a 2, irregularmente distrubuídas em mucilagem homogênea, células esféricas ou quase, 12-14,4 µm diâm., cloroplastídio 1, parietal, abertura irregular, 1 pirenoide.

Distribuição Geográfica

Em literatura: **Estado de Mato Grosso** (Bohlin 1897: como *Palmella mucosa*).

Material examinado: **Município de São Carlos** (SP 104699).

Comentários

O gênero *Palmella* ainda é pouco conhecido mundialmente e nele estão incluídas, por engano, várias formas palmeloides do desenvolvimento de outras algas. Segundo van den Hoek (1963), *Palmella miniata* Leblein e *Palmella mucosa* Kützing são nomes que, embora utilizados na literatura atual, o foram por engano por serem, de fato, estádios palmeloides de espécies de outros grupos taxonômicos e devem ser, portanto, excluídos do gênero *Palmella*. Isso posto, espécimes identificados por Smith (1950) como *P. miniata* Leiblein var. *aequalis* (Nägeli *ex* Kützing) Nägeli e por Prescott (1962) e Lemmermann (1914) como *P. mucosa* Kützing devem ser reidentificados como *P. aurantia* C. Agardh.

Drouet & Daily (1948) transferiram *P. aurantia* C. Agardh para *Schizochalmys*, propondo, sem qualquer explicação, a combinação *S. aurantia* (C. Agardh) Drouet & Daily. Considera-se hoje que tal transferência não deve ser aceita porque *P. aurantia* C. Agardh é razoavelmente distinta de *S. gelatinosa* A. Braun *ex* Kützing, por esta apresentar bainha gelatinosa estratificada em torno de cada célula e pequenos grupos de células jamais distribuídos aos pares. Ainda mais, a mucilagem de *P. aurantia* C. Agardh é delgada e difluente, enquanto a de *S. gelatinosa* A. Braun *ex* Kützing tem textura bem mais densa, quase de pergaminho. *Palmella aurantia* C. Agardh caracteriza-se também pelas células esféricas ou quase e agrupadas duas a duas em mucilagem homogênea e incolor.

O presente material de São Carlos identificou-se, perfeitamente, com o apresentado em van den Hoek (1963), exceto pela forma arredondada e não bilenticular do pirenoide.

3.2.2 *SPHAEROCYSTIS* CHODAT 1897

Indivíduos coloniais. As colônias são esféricas, ricas em mucilagem e livre-flutuantes. As células são esféricas e estão distribuídas em grupos, em geral de duas ou quatro, constituindo tetraedros regulares, principalmente na região central da colônia. É muito comum encontrar cenóbios-filhos com células ainda muito pequenas misturados com cenóbios adultos na mesma mucilagem. O único cloroplastídio em cada célula jovem tem a forma de copo e um pirenoide de localização mais ou menos central, porém, com a idade, o cloroplastídio torna-se maciço, forrando internamente toda a parede celular.

O gênero inclui somente três espécies que já foram coletadas em quase todas as partes do mundo. É encontrado no plâncton e no metafíton de ambientes de águas paradas ou quase. *Sphaerocystis schroeteri* Chodat parece ser a única espécie documentada até o momento para o território brasileiro.

Apenas uma espécie foi identificada para o Estado de São Paulo:

S. schroeteri Chodat (Fig. 88)

Bulletin de l'Herbier Boissier 5: 119, pl. 9, fig. 1-12. 1897.

Colônias esféricas formadas por 4, 8, 16, 32 ou 64 células irregularmente distribuídas em mucilagem homogênea, colônias-filhas frequentemente presentes, células esféricas, 8-22 µm diâm., cloroplastídio 1, poculiforme ou preenchendo internamente toda a parede celular, 1 pirenoide.

Distribuição Geográfica

Em literatura: **Estado do Amazonas** (Schmidt 1973, Schmidt & Uherkovich 1973, Uherkovich & Schmidt 1974, Uherkovich 1976, Uherkovich & Rai 1979), **Estado de Minas Gerais** (Pontes 1980).

Material examinado: **Município de Itirapina** (SP123860). **Município de Rio Claro** (SP123862). **Município de Sorocaba** (SP139737). **Município de Ubatuba** (SP130801, SP130804).

Comentários

Sphaerocystis schroeteri Chodat é típico por apresentar células globosas, geralmente organizadas em colônias-filhas formadas por quatro ou oito células, cujo cloroplastídio é parietal e possui um pirenoide. Em torno de cada célula pode ou não existir um envoltório individual de mucilagem além do colonial.

O gênero é relativamente mal delimitado, confundindo-se facilmente com outros, como, por exemplo, *Palmellocystis* e *Radiococcus*. Mesmo dentro do próprio gênero *Sphaerocystis*, as espécies são caracterizadas conforme critérios diferentes dependendo dos autores. Assim, Bourrelly (1972) distinguiu as espécies com base unicamente no pirenoide, usando características como presença ou ausência, número e tamanho dessa organela. Fott (1974) levou em consideração, por sua vez, a forma das células, o número de pirenoides e o tipo de reprodução.

Sphaerocystis schroeteri Chodat e *S. planctonica* (Koršikov) Bourrelly são morfologicamente muito semelhantes, a ponto de Fott (1974) diferi-las unicamente pela presença de zoósporos em *S. planctonica*. Todavia, segundo Chodat (1897), *S. schroteri* também forma zoósporos, mas Canter & Lund (1968) contestaram tal presença. No material do Estado de São Paulo, observamos unicamente autósporos, razão pela qual decidimos identificá-lo com *S. schroeteri*.

3.3 Família Hormotilaceae

Indivíduos filamentosos, filamentos simples e ramificados que podem formar colônias dendroides. As células são globosas, cilíndricas ou elípticas e, em geral, uninucleadas. O cloroplastídio é único em cada célula ou podem ocorrer vários laminares ou estrelados e de situação sempre parietal na célula. O pirenoide pode ou não estar presente. A reprodução ocorre por autósporos, zoósporos ou simples divisão vegetativa. Não se conhece ainda a reprodução sexuada nos representantes deste gênero.

Um único gênero de Hormotilaceae foi presentemente identificado:

3.3.1 *Hormotilopsis* Trainor & Bold 1953

Os representantes de *Hormotilopsis* são filamentosos, e os "filamentos" variam desde unisseriados simples até dendroides. De fato, o que chamos de "filamento" são colônias em que as células se situam na extremidade de tubos de mucilagem estratificada simples ou irregularmente ramificados. A forma da célula pode variar de esférica a elíptica. O cloroplastídio é urceolado, localiza-se parietalmente e possui um pirenoide de tamanho bastante avantajado.

Os representantes originais de *Hormotilopsis* foram isolados de cultivos de solo dos Estados Unidos da América. O gênero é monoespecífico e difere de *Hormotila* somente pela produção de zoósporos tetraflagelados. Esta é, todavia, uma diferença que não é de fácil observação na prática, porque os zoósporos perdem rapidamente seus flagelos e secretam uma quantidade de mucilagem que cresce polarizada, formando uma estrutura tubular estriada na extremidade na qual se situa a célula.

O gênero é monoespecífico:

H. gelatinosa Trainor & Bold (Fig. 89)

American Journal of Botany 40: 758, fig. 1-19, 59. 1953.

Colônias dendroides formadas por tubos ramificados de mucilagem, células mais ou menos esféricas, envoltas por uma camada estratificada de mucilagem que se torna mais espessa em um dos polos, célula 40-45 µm diâm. com mucilagem, 17-19 µm diâm. sem mucilagem, cloroplastídio 1, parietal, pirenoide 1.

Distribuição Geográfica

Em literatura: **Estado de São Paulo** (Sant'Anna 1984, Bicudo 2012).

Material examinado: **Município de Jaú** (SP130426).

Comentários

O gênero *Hormotilopsis* foi proposto por Trainor & Bold (1953) e classificado na Família Palmellaceae da Ordem Tetrasporales. Esses autores não incluíram o gênero na Ordem Chlorococcales devido à existência de reprodução vegetativa por divisão celular. Segundo Bourrelly (1972), *Hormotilopsis* deve pertencer a uma família própria, Hormotilaceae, da Ordem Chrocococcales, e seria distinto de *Hormotila* unicamente pelo número de flagelos do zoósporo.

Trainor & Bold (1953) justiticaram a proposição de um novo gênero por conta do número de flagelos dos zoósporos, número de zoósporos produzidos por célula e de modificações na parede da célula-mãe durante a zoosporulação. Consideradas essas características, *Hormotilopsis* é um gênero independente porque forma zoósporos tetraflagelados, produz no máximo quatro zoósporos por célula e a parede da célula-mãe dos zoósporos não sofre modificação durante a zoosporulação, enquanto *Hormotila* forma zoósporos biflagelados, produz até 64 zoósporos por célula e a parede da célula-mãe dos zoósporos torna-se papilada durante a zoosporogênese.

Na realidade, os gêneros *Hormotilopsis* e *Hormotila* são vegetativamente muito semelhantes e a espécie comparável com *Hormotilopsis gelatinosa* Trainor & Bold é *Hormotila mucigena* Borzi.

De acordo com Trainor & Hilton (1964), *Hormotila* compreende apenas duas espécies cujo tamanho das células não ultrapassa 12 μm de diâmetro. Tal caráter foi decisivo para a identificação taxonômica do material de Jaú com *Hormotilopsis gelatinosa*, uma vez que as demais características utilizadas para diferenciar os dois gêneros são estritamente reprodutivas e só encontramos material na fase vegetativa de seu ciclo de vida.

Na descrição original de *Hormotilopsis gelatinosa*, Trainor & Bold (1953) mencionaram células adultas com 18 μm de diâmetro, medida que se aproxima bastante daquelas do presente material de Jaú. Considere-se também que as ilustrações originais em Trainor & Bold (1953) se parecem bastante com as do material ora examinado.

Quanto ao ambiente, *Hormotilopsis gelatinosa* foi descrita originalmente como típica de solo. No entanto, ao longo dos tempos muitos organismos descritos como subaéreos, bentônicos e do solo foram coletados no plâncton. Nossa opinião é que o ambiente deve ser usado com muita cautela para identificar o indivíduo, uma vez que muitas formas não planctônicas podem se tornar planctônicas facultativas quando são tiradas de seu ambiente natural por fatores ambientais como, por exemplo, a chuva.

3.4 Família Oocystaceae

Indivíduos isolados de vida independente ou formando colônias envoltas pelos restos gelatinizados da parede da célula-mãe. As células podem ser esféricas, ovoides, piramidais ou poligonais e são uninucleadas ou, muito raro, plurinucleadas; cloroplastídio 1, laminar ou, menos comumente, na forma de várias placas discoides, mas sempre parietal; pirenoide pode ou não estar presente. A reprodução ocorre exclusivamente por autósporos. Jamais foi vista reprodução sexuada nos representantes das Oocystaceae.

Chave para identificação dos gêneros de Oocystaceae do Estado de São Paulo:

1. Células esféricas ou elípticas.
   2. Células esféricas de grande tamanho .... *Eremosphaera*
   2. Células esféricas ou elípticas de pequeno tamanho.
      3. Células esféricas, cloroplastídio único .... *Chlorella*
      3. Células elípticas, cloroplastídio único ou vários,
         com ou sem nódulos polares .... *Oocystis*
1. Células fusiformes ou lunadas.
   4. Células fusiformes.
      5. Células formando grupos de 4 no interior de copiosa
         mucilagem .... *Quadrigula*
      5. Células não formando grupos de 4 no interior de mucilagem.
         6. Célula fusiforme curta .... *Dactylococcus*
         6. Célula fusiforme alongada.
            7. Pirenoide presente .... *Ankistrodesmus*
            7. Pirenoide ausente .... *Monoraphidium*
   4. Células lunadas.
      8. Células agrupadas em tetraedros no interior de mucilagem
         copiosa .... *Nephrocytium*
      8. Células distribuídas caoticamente no interior de mucilagem
         copiosa .... *Kirchneriella*

3.4.1 *Ankistrodesmus* Corda 1838

Células raramente vivendo solitárias, em geral reunidas em colônias com forma de tufos (não organizados) ou de feixes organizados frouxos. Algumas vezes, as células são torcidas helicoidalmente umas sobre as outras para formar um feixe. Não existe mucilagem para manter as células juntas. As células podem ser lunadas, fusiformes, muitas vezes mais longas do que o próprio diâmetro, semelhando agulhas (aciculares), e podem ser retas, arqueadas ou até mesmo sigmoides. O único cloroplastídio é parietal, localiza-se lateralmente na célula e tem a forma de lâmina. Pirenoide pode ou não existir e, quando presente, varia em número de um (mais comum) até vários (raro).

Chave para identificar as espécies de *Ankistrodesmus* do Estado de São Paulo:

1. Células lunadas.
   2. Colônias com 4 até muitas células; células 2-8 µm larg. .... *A. bibraianus*
   2. Colônias com 4 ou 8 células; células 1,5-4,7 µm larg. .... *A gracilis*
1. Células fusiformes.
   3. Células torcidas umas sobre as outras.
      4. Colônias grandes (no mínimo 30 células).................................... *A. densus*
      4. Colônias pequenas (geralmente 4-8 células) .... *A. spiralis*
   3. Células distribuídas umas sobre as outras, porém não torcidas.
      5. Células em grupos de 4, em contato através de suas
         margens convexas ....*A. falcatus*
      5. Células em grupos de 2 ou de muitas células dispostas na forma
         de estrela ou cruz ....*A. fusiformis*

A. *BIBRAIANUS* (Reinsch) Koršikov (Fig. 90-91)

Viznachnik prisnovodnihk vodorostey Ukrainsykoi RSR [Vyp] 5: 302, fig. 265. 1953.

Basiônimo: *Selenastrum bibraianum* Reinsch, Abhandlungen der Naturhistorischen Gesellschaft zu Nurnberg 3(2): 64, pl. 4, fig. 2a-b. 1867.

Colônias com 4, 8, 16 ou 32 células unidas por suas margens convexas, bainha colonial de mucilagem nem sempre evidente, células lunadas, afilando gradualmente no sentido dos ápices, 2-8,3 µm larg., distância entre os apices 7,2-20,6 µm, cloroplastídio 1, parietal, laminar, sem pirenoide.

Distribuição Geográfica

Em literatura: **Estado de Mato Grosso** (Borge 1925: como *Selenastrum bibraianum*), **Estado do Pará** (Kammerer 1938, Grönblad 1945, Thomasson 1971, 1977; como *Selenastrum bibraianum*), **Estado de São Paulo** (Borge 1918, Leite 1974, Tundisi &

Hino 1981; como *Selenastrum bibraianum*, Sant'Anna 1984, Rosini *et al.* 2012, Tucci *et al.* 2019: como *Selenastrum bibraianum*).

Material examinado: **Município de Atibaia** (SP104430). **Município de Cananeia** (SP130813). **Município de Conchal** (SP114542). **Município de Guaratinguetá** (SP96959, SP96960, SP96964). **Município de Itu** (SP139734). **Município de Jaú** (SP130424, SP130426). **Município de Pirassununga** (SP123900). **Município de Ribeirão Branco** (SP130427). **Município de São Bernardo do Campo** (SP130430). **Município de São Carlos** (SP104696, SP104699, SP104723). **Município de São Paulo** (SP391349, SP391350, SP391354, SP391357, SP400153, SP400154, SP400156, SP400160, SP400163).

Comentários

West (1912) transferiu *Selenastrum bibraianum* Reinsch para o gênero *Ankistrodesmus* efetuando a combinação *Ankistrodesmus selenastrum* G.S. West. Conforme Komárková-Legnerová (1969) e de acordo com o Código Internacional de Nomenclatura para Algas, Fungos e Plantas (Código de Shenzhen), a combinação proposta por West (1912) não foi válida, prevalecendo a combinação proposta por Koršikov (1953): *Ankistrodesmus bibraianus* (Reinsch) Koršikov. Reinsch (1867) descreveu e ilustrou corretamente o material que identificou como *S. bibraianum*, embora houvesse subestimado o tamanho das colônias por não ter levado em conta o envelope mucilaginoso. Concluindo, *S. bibraianum* é o basiônimo de *A. bibraianus*.

Komárková-Legnerová (1969) estudou oito espécies de *Ankistrodesmus* com base em material de campo e cultivo, usando os seguintes caracteres para delimitar as espécies: (*1*) forma da célula e de seu ápice e forma da colônia; (*2*) modo de atenuação da célula gradual ou abruptamente no sentido dos ápices; (*3*) grau de curvatura das células; (*4*) número de células e sua organização na colônia; (*5*) presença ou ausência de envelope colonial mucilaginoso; (*6*) presença ou ausência de pirenoide; e (*7*) disposição e número de autósporos no interior da célula-mãe. Nesse mesmo trabalho, Komárková-Legnerová (1969) verificou que características como diâmetro celular, forma e grau de curvatura das células, forma do ápice celular (acuminado ou levemente arredondado) e da colônia variam muito em cultivo. Por outro lado, o grau de agregação das células nas colônias mostrou-se uma característica bastante estável, os agregados dificilmente se desfazendo por ação do ambiente.

No material atualmente estudado pôde-se constatar variação semelhante à documentada por Komárková-Legnerová (1969), principalmente no que tange à forma das colônias e ao diâmetro e grau de curvatura das células. Assim circunscrito,

A. *bibraianus* torna-se bastante semelhante a *Ankistrodesmus gracilis* (Reinsch) Koršikov. Segundo Komárková-Legnerová (1969), estas duas espécies são razoavelmente distintas através do tipo de colônia que constituem, pois A. *bibraianus* forma colônias bastante estáveis, enquanto A. *gracilis*, assim que forma as colônias, logo se desfazem.

Não havendo providenciado cultivo dessas espécies, a única diferença entre elas residiu no menor diâmetro das células de A. *gracilis*, embora, em alguns casos, nem mesmo essa característica funcione para diferir as duas espécies. Smith (1920), Tiffany & Ahlstrom (1931), Troickaja (1933) e Philipose (1967) admitiram, por isso, a possibilidade de A. *gracilis* ser apenas uma variedade taxonômica de A. *bibraianus*.

A. *densus* Koršikov (Fig. 92)

Viznachnik prisnovodnihk vodorostey Ukrainsykoi RSR [Vyp] 5: 300, fig. 262. 1953.

Colônias > 30 células, células fusiformes, arqueadas, afilando gradualmente para os ápices, torcidas umas sobre as outras ou apenas superpostas, 40-70 µm compr., 2,3-3,2 µm larg., cloroplastídio 1, parietal, laminar, sem pirenoide.

Distribuição Geográfica

Em literatura: **Estado do Amazonas** (Uherkovich & Schmidt 1974, Uherkovich & Rai 1979), **Estado de São Paulo** (Sant'Anna 1984).

Material examinado: **Município de Avaré** (SP130956). **Município de Pindamonhangaba** (SP96949). **Município de Salesópolis** (SP123873, SP123874, SP123877, SP123878). **Município de São Bernardo do Campo** (SP130428). **Município de São Paulo** (SP130438).

Comentários

Ankistrodesmus densus Koršikov é bastante semelhante a *Ankistrodesmus spiralis* (Turner) Lemmermann. Com base nos espécimes das duas espécies ora examinados, as diferenças residem no número sempre grande de células na colônia e na maior torção das células em A. *densus*. Esta última característica deve ser utilizada, todavia, apenas no sentido de reforçar a identidade de A. *densus*, uma vez que ocorre alteração no grau de torção das células de A. *spiralis* a ponto de ocasionar recobrimento dos espectros de variação dessa característica nas duas espécies. Torna-se, assim, absolutamente indispensável a análise de populações para separar com segurança as duas espécies.

Komárková-Legnerová (1969) apontou outra diferença entre essas duas espécies: o maior tamanho das células de *A. densus*. Mas isto nem sempre foi uma característica conspícua no material do Estado de São Paulo, como pode ser observado na tabela abaixo (Tab. 3).

Tabela 3. Medidas dos materiais do Estado de São Paulo obtidas durante esta pesquisa.

	Comprimento da célula	Largura da célula
A. densus	40-70 µm	2,3-3,2 µm
A. spiralis	28-50 µm	1,5-3 µm

Pode-se observar na tabela acima que o intervalo métrico referente ao diâmetro celular é um tanto maior em *A. spiralis*, porém incorpora, em grande parte, o intervalo de *A. densus*. Esses resultados reforçam a necessidade de estudos mais intensos para esclarecer as relações entre as duas espécies, bem como o valor a ser atribuído às medidas como critério para separar espécies.

Smith (1922) propôs a variedade *A. spiralis* (Turner) Lemmermann var. *fasciculatus*, com a qual se assemelham bastante os exemplares de *A. densus* deste estudo. O referido autor mostrou, contudo, certa dúvida na manutenção dessa variedade e, inclusive, de *A. densus* e *A. spiralis* constituírem espécies distintas.

A. *FALCATUS* (CORDA) RALFS (FIG. 93)

The British Desmidieae. 180, pl. 34, fig. a-c. 1848.

Basiônimo: *Micrasterias falcata* Corda, Almanach de Carlsbad. 121, pl. 2, fig. 29. 1835.

Colônias formadas por grupos de 4 células unidas por suas margens convexas, células fusiformes, arqueadas, afilando gradualmente no sentido dos ápices, 58-61 µm compr., 2-3,2 µm larg., cloroplastídio 1, parietal, laminar, pirenoide ausente.

DISTRIBUIÇÃO GEOGRÁFICA

EM LITERATURA: **Estado do Amazonas** (Thomasson 1971, Uherkovich & Schmidt 1974), **Estado de Mato Grosso** (Borge 1925, Hoehne *et al.* 1951), **Estado de Mato Grosso do Sul** (Borge 1925), **Estado de Minas Gerais** (Pontes 1980), **Estado do Pará** (Kammerer 1938, Grönblad 1945, Thomasson 1971), **Estado do Paraná** (Andrade

& Rachou 1954), **Estado do Rio de Janeiro** (Andrade 1953, Oliveira *et al.* 1967, Oliveira 1971), **Estado de São Paulo** (Borge 1918, Kleerekoper 1937, 1939, Sant'Anna 1984, Hino 1979, Tundisi & Hino 1981).

Material examinado: **Município de Avaré** (SP130956). **Município de Porangaba** (SP139741).

Comentários

Ankistrodesmus falcatus (Corda) Ralfs é uma espécie bem delimitada pelo modo como as células estão agrupadas no interior da mucilagem colonial, isto é, unidas por suas margens convexas para formar feixes de quatro células, podendo ocorrer vários destes grupos em uma mesma colônia. As células não se torcem umas em torno das outras como acontece com outras espécies do gênero, apenas se tocam pela margem celular convexa.

A. fusiformis Corda 'sensu' Koršikov (Fig. 94-95)

Viznachnik prisnovodnihk vodorostey Ukrainsykoi RSR [Vyp] 5: 300, fig. 263. 1953.

Colônias estreladas ou cruciadas, 2 até muitas células dispostas em cruz ou radialmente formando uma estrutura semelhante a uma estrela, células fusiformes, retas ou arqueadas, afilando gradualmente para os ápices, apenas cruzando mutuamente, 22-75 μm compr., 1-4 μm larg., cloroplastídio 1, parietal, laminar, pirenoide ausente.

Distribuição Geográfica

Em literatura: **Estado do Amazonas** (Uherkovich 1976, Uherkovich & Franken 1980), **Estado de Mato Grosso** (Bohlin 1897: como *Raphidium polymorphum* var. *aciculare*), **Estado do Rio Grande do Sul** (Bohlin 1897: como *Raphidium polymorphum* var. *aciculare*), **Estado de São Paulo** (Leite 1974, Sant'Anna 1984, Rodrigues *et al.* 2010a, Rodrigues *et al.* 2010).

Material examinado: **Município de Atibaia** (SP130449). **Município de Avaí** (SP139747). **Município de Campos do Jordão** (SP130445). **Município de Guara-tinguetá** (SP96959, SP96960, SP96964). **Município de Ibirá** (SP113497). **Município de Itu** (SP139733, SP139735). **Município de Jaú** (SP113489, SP130426). **Município de Moji das Cruzes** (SP113658). **Município de Pindamonhangaba** (SP96949, SP96950, SP96953). **Município de Pirassununga** (SP123900). **Município de Porangaba** (SP139740, SP139741, SP139743). **Município de Rio Claro** (SP123862, SP123866). **Município de Salesópolis** (SP96791, SP123873, SP123874, SP123879). **Município de São Bernardo do Campo** (SP130428). **Município de São Carlos**

(SP104696, SP104699, SP104723). **Município de São Paulo** (SP130438, SP391354, SP400157). **Município de Sorocaba** (SP139737). **Município de Sumaré** (SP123852). **Município de Tambaú** (SP113574). **Município de Ubatuba** (SP96896, SP96897, SP96900, SP96906, SP96908).

Comentários

Conforme Komárková-Legnerová (1969), *Ankistrodesmus fusiformis* Corda 'sensu' Koršikov forma colônias efêmeras, em que logo se separam as células constituintes. Durante o estudo realizado das Chlorococcales do Parque Estadual das Fontes do Ipiranga, não foi isso que observamos. Ao contrário, as colônias foram sempre grandes, formadas por muitos indivíduos, e não foram encontradas células isoladas (Leite 1974, Sant'Anna 1984). Após examinar amostras de várias localidades no Estado de São Paulo, verificou-se que a espécie pode se apresentar sob a forma de colônias grandes (mais de 8 células) ou pequenas (2-8 células) ou, também, de indivíduos isolados, confirmando as observações de Komárková-Legnerová (1969).

O estudo de material do Estado de São Paulo possibilitou observar variação no grau de curvatura das células, ocorrendo indivíduos desde retos até acentuadamente curvos. As colônias cruciadas constituídas por quatro células foram as mais comuns. Neste caso, as células apenas se cruzavam, não se torcendo umas sobre as outras, como, por exemplo, em *Ankistrodesmus spiralis* (Turner) Lemmermann. Este caráter identificou facilmente *A. fusiformis*.

A. *GRACILIS* (Reinsch) Koršikov (Fig. 96-98)

Viznachnik prisnovodnihk vodorostey Ukrainsykoi RSR [Vyp] 5: 305. 1953.

Basiônimo: *Selenastrum gracile* Reinsch, Abhandlungen der Naturhistorischen Gesellschaft Nurnberg 3(2): 65, pl. 4, fig. 3a-3b. 1867.

Colônias de 4, 8 ou 16 células, mucilagem nem sempre evidente, concentrada na região central da colônia, células lunadas a fusiforme-arqueadas, afilando gradualmente para os ápices, ápices nem sempre dispostos no mesmo plano, 1,5-4,7 µm compr., 1-2 µm larg., 4,8-20 µm distância entre ápices, cloroplastídio 1, parietal, laminar, levemente azulado, pirenoide ausente.

Distribuição Geográfica

Em literatura: **Estado do Amazonas** (Uherkovich & Schmidt 1974, Uherkovich & Franken 1980; como *Selenastrum gracilis*), **Estado de Mato Grosso** (Bohlin 1897,

Borge 1925; como *Selenastrum gracilis*), **Estado de Mato Grosso do Sul** (Bohlin 1897: como *Selenastrum gracilis*), **Estado de Minas Gerais** (Pontes 1980), **Estado do Pará** (Grönblad 1945: como *Selenastrum westii*), **Estado do Rio de Janeiro** (Oliveira *et al.* 1951: como *Selenastrum gracilis*), **Estado do Rio Grande do Sul** (Huszar 1977, 1979), **Estado de São Paulo** (Leite 1974, Sant'Anna 1984, Rosini *et al.* 2012).

Material examinado: **Município de Atibaia** (SP130449). **Município de Avaré** (SP130956). **Município de Jaú** (SP113489, SP130426). **Município de Porangaba** (SP139740). **Município de Rancharia** (SP114513). **Município de São Paulo** (SP130441, SP391352, SP400156, SP400158, SP400164). **Município de Sumaré** (SP123865).

Comentários

De acordo com Komárková-Legnerová (1969), *Ankistrodesmus gracilis* (Reinsch) Koršikov é uma espécie suficientemente distinta de *Ankistrodesmus bibraianus* (Reinsch) Koršikov por apresentar colônias que se desfazem com facilidade imediatamente antes da reprodução ou devido a condições desfavoráveis em cultivo, enquanto A. *bibraianus* forma colônias bastante estáveis. Além disso, o aspecto macroscópico do crescimento dos cultivos também é diferente, porque A. *bibraianus* apresenta as camadas de células na forma esférica e A. *gracilis* cresce em uma única camada interrompida.

Não fizemos cultivos e não foi possível, por isso, observar esta última diferença. As duas espécies nem sempre formaram colônias de forma variável nos materiais examinados, e o número de células por colônia também variou bastante, embora tenha sido, de modo geral, maior naquelas de A. *bibraianus*.

As características métricas utilizadas por Komárková-Legnerová (1969) para separar as duas espécies não foram significantes no caso dos espécimes ora estudados. Apesar disso, estes materiais foram considerados representantes de espécies diferentes, até que se efetuem estudos em cultivo e se avaliem as características diagnósticas não detectadas no material de campo.

A. *SPIRALIS* (Turner) Lemmermann (Fig. 99-100)

Archiv für Hydrobiologie 4: 176. 1908.

Basiônimo: *Raphidium spiralis* Turner, Kongliga svenska Vetenskaps-Akademiens Handlingar 25(5): 155, fig. 20, 26. 1892.

Colônias de 4 células ou formadas por vários grupos de 4 células, células fusiformes, afiladas gradualmente para os ápices, curvatura variável, torcidas umas em torno das outras, às vezes em hélices irregulares, 28-60 μm compr., 1,5-3 μm larg., cloroplastídio 1, parietal, laminado, pirenoide ausente.

Distribuição Geográfica

Em literatura: **Estado de Minas Gerais** (Pontes 1980), **Estado do Pará** (Grönblad 1945), **Estado de São Paulo** (Sant'Anna 1984).

Material examinado: **Município de Moji das Cruzes** (SP113653, SP113655, SP113658, SP113661, SP113662, SP130783). **Município de Pindamonhangaba** (SP104983). **Município de Pirassununga** (SP123900). **Município de Salesópolis** (SP123783, SP123878). **Município de São Bernardo do Campo** (SP130428). **Município de São Paulo** (SP130453). **Município de Tambaú** (SP113574).

Comentários

Ankistrodesmus spiralis (Turner) Lemmermann pode ser facilmente reconhecido pelo modo como as quatro células se reúnem no interior da mucilagem colonial, entrelaçadas ou torcidas umas sobre as outras. A forma da célula mostrou-se variável, ocorrendo desde levemente arqueada até irregularmente torcida. No último caso, a identificação da espécie é mais fácil, pois a torção das células em hélice (fig. 100) é característica diagnóstica de A. *spiralis*.

A forma arqueada das células aproxima, morfologicamente, a atual espécie de A. *densus* Koršikov, da qual difere, principalmente, pelo pequeno número de células (4 ou 8) na colônia.

O número de colônias examinadas foi pequeno, sendo a maioria de pequeno porte e constituída por quatro células. As colônias de maior porte reuniram vários grupos de quatro ou oito células, contudo foram raramente encontradas.

A distinção entre A. *densus* e A. *spiralis* é discutível (Komárková-Legnerová 1969), e nossas observações mostraram claramente isso. O único caráter realmente diagnóstico observado no material do Estado de São Paulo foi o número de células nas colônias, já que o grau de torção das mesmas foi muito variável. Estudos de material em cultivo e realização de análises estatísticas devem ser providenciados para esclarecer o real valor taxonômico dessas características.

3.4.2 *Chlorella* Beijerink 1890

Indivíduos basicamente solitários e de vida livre, raro gregários após reprodução. A célula pode ser esférica, elíptica, ovoide, reniforme ou levemente assimétrica. A parede celular é delgada, porém sempre bem definida. O cloroplastídio é único na maioria das vezes e só raramente ocorrem dois por célula. Quando único, tem a forma de taça (ciatiforme); quando dois, cada um tem a forma de uma calota rasa, amplamente aberta. Pirenoide nem sempre está presente.

Os representantes de *Chlorella* são habitantes, principalmente, do plâncton de sistemas de águas paradas ou quase, dos tipos lago e reservatório, mas também podem ocorrer no solo, em ambientes subaéreos ou no interior de protozoários ciliados, como, por exemplo, de *Hydra* (celenterado), *Spongilla* (esponja) e outros organismos da microfauna local. No caso de viverem simbioticamente, os organismos foram identificados por Brandt, em 1881, como *Zoochlorella*, hoje um nome rejeitado por ser um sinônimo posterior de *Micractinium*.

Apenas uma espécie identificada para o Estado de São Paulo:

C. vulgaris Beijerinck (Fig. 101)

Botanische Zeitung 48: 758, pl. 7, fig. 2a-2b. 1890.

Células esféricas, isoladas ou ocasionalmente formando pequenos agregados, parede celular lisa, delicada, 4-11,5 µm diâm., cloroplastídio poculiforme, abertura irregular, pirenoide 1.

Distribuição Geográfica

Em literatura: **Estado de São Paulo** (Sant'Anna 1984).

Material examinado: **Município de Arujá** (SP130815). **Município de Avaré** (SP130956). **Município de Itirapina** (SP123858). **Município de Jaú** (SP130426). **Município de São Bernardo do Campo** (SP130788, SP131569). **Município de São Carlos** (SP104685, SP104686, SP104689). **Município de São Paulo** (SP130786).

Comentários

O gênero *Chlorella* encontra-se taxonomicamente bastante problemático, pois não existe ainda concordância sobre quais características devam ser utilizadas em sua taxonomia, as quais vão hoje desde puramente morfológicas até as baseadas em dados bioquímicos (Kessler & Soeder 1962, Kessler 1965) e fisiológicos (Shihira & Krauss 1965).

Segundo Prescott (1962), muitas espécies de *Chlorella* são confundidas com outras de *Chlorococcum*, e a única maneira de diferenciá-las com precisão é através do tipo de elemento reprodutivo que produzem, da seguinte maneira: *Chlorella* produz autósporos e *Chlorococcum*, zoósporos biflagelados. É importante considerar que os representantes de *Chlorella* são, morfologicamente, bastante semelhantes aos de outros gêneros de algas verdes unicelulares e podem também ser confundidos com zoósporos de alguns gêneros de algas verdes após estes perderem os flagelos (Prescott 1962). O último autor sugeriu, então, que se façam estudos de cultivo ou que se analisem o maior número possível de exemplares para ter certeza da variação morfológica intrapopulacional e, consequentemente, chegar a uma identificação mais precisa do gênero.

Fott & Novaková (1969) produziram uma excelente monografia das espécies de *Chlorella* de águas continentais baseados em características morfológicas da vida reprodutiva. Esse trabalho permitiu melhor compreensão da sistemática do gênero e possibilitou identificações mais lógicas e racionais das espécies. Até então, a única monografia existente era de Shihira & Kraus (1965), baseada em características puramente fisiológicas nem sempre possíveis de ser testadas.

Fott & Novaková (1969) forneceram, na parte introdutória de seu trabalho, a história do gênero e comentaram os tipos de características utilizadas pelos diversos autores para separar espécies, variedades e formas taxonômicas no gênero. Além disso, apresentaram uma chave bastante útil para identificar as espécies que foram detalhadamente descritas, discutidas e ilustradas. As características usadas por Fott & Novaková (1969) para separar espécies foram as seguintes: (*1*) presença ou ausência de pirenoide, (*2*) forma e tamanho da célula vegetativa, (*3*) tipo de parede celular, (*4*) estrutura do cloroplastídio, (*5*) presença ou ausência de vacúolos e (*6*) número, tamanho e modo de liberação dos autósporos.

Foi o uso das características acima comentadas e a análise de um grande número de indivíduos que permitiram identificar o presente material do Estado de São Paulo com *Chlorella vulgaris* Beijerinck.

3.4.3 *DACTYLOCOCCUS* NÄGELI 1849

Indivíduos coloniais de vida livre. As células são fusiformes e multiplicam-se por autósporos que, após a liberação da célula-mãe, podem permanecer juntos por suas extremidades, formando colônias que lembram filamentos curtos e até ramificados dicotomicamente. Não existe mucilagem colonial. O único cloroplastídio em cada célula é parietal e tem forma de uma cinta envolvendo internamente a porção mediana da célula. Ao que tudo indica, não existe pirenoide.

Há dúvida quanto à real existência deste gênero. Cenóbios de *Scenedesmus* que possuem células fusiformes podem, quando em cultivo, perder totalmente sua identidade e assumir a aparência de *Dactylococcus*.

O gênero é monospecífico:

D. INFUSIONUM NÄGELI (FIG. 102)

Gattungen einzelliger Algen, physiologisch und systematisch bearbeitet. 85, pl. 3, fig. F. 1849.

Células fusiformes tocando-se polo a polo para formar falsos filamentos simples ou dicotomicamente ramificados, 9-10 µm compr., 4-5 µm larg., cloroplastídio 1, parietal, pirenoide ausente.

DISTRIBUIÇÃO GEOGRÁFICA

EM LITERATURA: **Estado de São Paulo** (Sant'Anna 1984).

MATERIAL EXAMINADO: **Município de Sorocaba** (SP130425).

COMENTÁRIOS

Dactylococcus infusionum Nägeli pode ser prontamente reconhecido pela disposição de suas células que se tocam polo com polo para formar estruturas com a aparência de filamento. Conforme a literatura, esses "filamentos" podem se dissociar facilmente e as células isoladas tornarem-se de identificação taxonômica impossível, por serem mofologicamente semelhantes a exemplares de vários outros gêneros de algas ducícolas.

Dactylococcus infusionum é uma espécie bastante controvertida e, de acordo com Philipose (1967), autores como Wille (1909), West & Fritsch (1927) e Fritsch (1948) duvidam de sua identidade e, consequentemente, da existência do gênero ao levantarem a possibilidade de apenas se tratar de um estágio que os cenóbios de *Scenedesmus obliquus* (Turpin) Kützing podem assumir durante sua ontogênese em cultivo. Por outro lado, Smith (1916b) isolou células semelhantes às de *D. infusionum* e delas providenciou cultivo unialgáceo, contudo só se desenvolveram colônias típicas de *D. infusionum*, não obtendo qualquer estrutura que lembrasse *S. obliquus*. O referido autor também realizou cultivo de cenóbios de *S. obliquus* e não obteve colônias com a aparência de *D. infusionum* (Smith 1916b). Concluiu, então, tratar-se de duas espécies independentes e que não deveriam, absolutamente, ser consideradas expressões morfológicas de uma mesma espécie.

Segundo Trainor (1971), pode ocorrer formação de outras expressões morfológicas durante a divisão celular em cenóbios de *Scenedesmus*, inclusive de algumas semelhantes a *Dactylococcus* (células em cadeias com aparência filamentosa), ao lado de outras consideradas "normais" de *Scenedesmus*.

O exame de material abundante coletado no Estado de São Paulo mostrou apenas colônias em cadeia filamentosa que foram, por isso, identificadas como de *D. infusionum* até que se chegue a uma conclusão definitiva a respeito desse impasse.

3.4.4 *EREMOSPHAERA* DE BARY 1858

Indivíduo geralmente unicelular, solitário, raro colonial, colônia formada por 2 ou 4 células, células esféricas ou quase e até elípticas, com ou sem um envoltório conspícuo de mucilagem, 23-130 µm compr., 20-120 µm larg., parede celular 0,5-1 µm espess., a maioria das espécies tem espessamentos na parede e *E. oocystoides* possui numerosas espículas radiais. Os cloroplastídios são numerosos em cada célula, discoides a pouco alongados, parietais, às vezes distribuídos radialmente na forma de filamentos protoplasmáticos, 1-3 pirenoides por plastídio frequentemente circundados por grãos de amido.

Reprodução assexuada por autósporos, 2-4 esporos por autosporângio, os quais são liberados pela ruptura da parede da célula-mãe que, frequentemente, permanece distinta em material de cultivo. A reprodução sexuada é oogâmica e homotálica e é conhecida unicamente em *E. viridis*. Os zigotos são semelhantes aos autósporos e produzem uma papila de fertilização quando maduros. Os gametas masculinos são esféricos, biflagelados, não possuem plastídios nem stigma e são produzidos em números de 16, 32 ou 64 por anterídio. Após a fertilização, os zigotos produzem uma parede espessa.

Apenas uma espécie ocorre no Estado de São Paulo:

E. EREMOSPHAERIA (G.M. SMITH) R.L. SMITH & BOLD (FIG. 103-105)

Phycological Studies 6: 32, fig. 35-41. 1966.

Basiônimo: *Oocystis eremosphaeria* G.M. Smith, Transactions of the Wisconsin Academy of Sciences, Arts and Letters 19: 630, pl. 14, fig. 8-9. 1918.

Células isoladas ou formando colônias de 2-4 células envoltas por mucilagem bem evidente, célula elíptica, parede espessa, 1 pequeno nódulo polar, 26-40 µm compr., 17-35 µm larg., cloroplastídios diversos, irregulares, parietais, 1 pirenoide por plastídio.

DISTRIBUIÇÃO GEOGRÁFICA

EM LITERATURA: **Estado de Goiás** (Prescott 1957: como *Oocystis eremosphaeria*), **Estado de São Paulo** (Sant'Anna 1984).

MATERIAL EXAMINADO: **Município de Rio Claro** (SP123861, SP123866, SP123867). **Município de São Paulo** (SP123862).

COMENTÁRIOS

Eremosphaera eremosphaeria (G.M. Smith) R.L. Smith & Bold foi descrita originalmente como *Oocystis eremosphaeria* G.M. Smith. Mais tarde, Smith & Bold (1966) transferiram a espécie para o gênero *Eremosphaera*, efetuando a combinação *E. eremosphaeria* (G.M. Smith) R.L. Smith & Bold, e justificaram a transferência utilizando comentários do próprio Smith (1918) quando descreveu a espécie e afirmou que o grande tamanho das células e os numerosos plastídios distinguiam bastante bem *O. eremosphaeria* das demais espécies do gênero. Entretanto, acreditamos ser muito mais semelhante morfologicamente a *Eremosphaera viridis* De Bary do que a qualquer espécie de *Oocystis*, embora tenha células sempre elípticas e nódulos polares presentes, características estas de *Oocystis*.

Segundo Smith & Bold (1966), nódulo polar não é uma boa característica diagnóstica para *Oocystis*, pois nem todas as espécies do gênero apresentam-na. Além disso, os referidos autores observaram a existência de células perfeitamente elípticas com nódulos polares em cultivo de *E. viridis*. Neste caso, exceto pelo grande tamanho, tais células poderiam ser facilmente identificadas como representantes de alguma espécie de *Oocystis*.

Portanto, conforme Smith & Bold (1966), outros critérios foram necessários para caracterizar *Eremosphaera*, como: núcleo central comparativamente grande, cloroplastídios lenticulares e produção de 2 ou 4 autósporos compactamente arranjados no interior da célula-mãe, porém que não distendem a parede da célula que os produz.

Os espécimes do Estado de São Paulo foram identificados como representantes de *E. eremosphaeria*, sobretudo pelo tamanho comparativamente avantajado de suas células e pelos númerosos cloroplastídios lenticulares parietais. Muitas vezes, os plastídios apareceram tão compactadamente arranjados no interior da célula que dificultaram bastante a interpretação de sua morfologia e, por conseguinte, a identificação da espécie e mesmo do gênero.

3.4.5 *KIRCHNERIELLA* SCHMIDLE 1893

Alga colonial de vida livre. As células possuem forma lunada, subcilíndrica ou fusiforme, podem ser retas ou irregularmente torcidas e distribuem-se em grupos mais ou menos regulares de quatro mergulhadas em mucilagem copiosa e homogênea, constituindo colônias esféricas ou mais ou menos elipsoidais. O cloroplastídio é único por célula, tem situação parietal e preenche quase toda a periferia interna da parede celular. Ocorre um pirenoide quase central no plastídio.

Ocorrem seis espécies de *Kirchneriella* no Estado de São Paulo, as quais podem ser idenficadas como segue:

1. Células lunadas.
   2. Pirenoide presente.
      3. Células fortemente lunadas .... *K. dianae*
      3. Células não fortemente lunadas.
         4. Ápices distantes um do outro, margens celulares externa e interna mais ou menos igualmente curvadas, quase paralelas .... *K. obesa* var. *major*
         4. Ápices muito próximos um do outro, margem externa fortemente curvada, margem interna com uma fenda linear de lados paralelos ou quase .... *K. obesa* var. *obesa*
   2. Pirenoide ausente.
      5. Células em grupos de 2 ou 4, fortemente lunadas, margens convexas voltadas para a periferia da colônia, filamentos de mucilagem desorganizados no centro da colônia .... *K. brasiliana*
      5. Células em grupos de 4, 8, 16 ou 32, não fortemente lunadas, caoticamente dispostas na mucilagem colonial, sem filamentos de mucilagem no centro da colônia .... *K. aperta*
1. Células fortemente lunadas ou aproximadamente cilíndricas.
   6. Células fortemente lunadas, ápices amplamente arredondados .... *K. contorta* var. *elegans*
   6. Células falciformes.
      7. Ápices situados no mesmo plano .... *K. lunaris* var. *lunaris*
      7. Ápices torcidos em diferentes sentidos e planos diferentes .... *K. lunaris* var. *irregularis*

K. aperta Teiling (Fig. 106)

Svensk Botanisk Tidskrift 6(2): 276, fig. 9. 1912.

Colônias formadas por 4, 8, 16 ou 32 células irregularmente dispostas no interior de mucilagem inconspícua abundante, células lunadas, face ventral relativamente rasa, forma aproximada de "V", ápices arredondados a pouco acuminados, 7-9,7 µm compr., 4,8-6 µm larg., distância entre os ápices 3,2-4 µm, cloroplastídio 1, parietal, pirenoide ausente.

Distribuição Geográfica

Em literatura: **Estado de São Paulo** (Rosini *et al.* 2012, Tucci *et al.* 2019).

Material examinado: **Município de São Paulo** (SP139357, SP139358, SP400153, SP400154, SP400157, SP400158, SP400159, SP400164).

Comentários

Kirchneriella aperta Teiling é facilmente reconhecida pela forma lunada das células, cujos ápices são arredondados a pouco acuminados e estão dispostos em um mesmo plano; e a margem ventral da célula possui forma aproximada de "V".

K. brasiliana Silva, Sant'Anna, Comas & Tucci (Fig. 107)

Brazilian Journal of Botany 36(2): 154, fig. 1. 2013.

Colônias formadas por grupos de 2 ou 4 células irregularmente dispostas na periferia de mucilagem inconspícua abundante, margens convexas voltadas para a periferia da colônia, filamentos de mucilagem desorganizados no centro da colônia, células lunadas, ápices gradualmente acuminados, 9,7-14,7(-17) µm compr., (1,2-)2(-3,1) µm larg., cloroplastídio 1, parietal, pirenoide ausente.

Distribuição Geográfica

Em literatura: **Estado do Amazonas** (Uherkovich & Schmidt (1974: como *"Selenodictyum brasiliense"*), **Estado de São Paulo** (Silva *et al.* 2013, Tucci *et al.* 2019).

Material examinado: **Município de Suzano** (SP391343, SP3913442).

Comentários

Uherkovich & Schmidt (1974) examinaram dois exemplares coletados no Lago do Castanho, um lago de várzea situado na margem direita do Rio Solimões, a cerca de 60 km em linha reta de Manaus, Estado do Amazonas, os quais identificaram como uma provável espécie nova para a qual sugeriram, se de fato for uma espécie nova, o nome *"Selenodictyum brasiliense"*. A sugestão foi acompanhada de breve descrição e uma ilustração do material. As medidas desse material foram 6,5-7 x 1,5 µm. Posteriormente, Silva *et al.* (2013) coletaram material idêntico de uma lagoa artificial utilizada para pesca situada no Município de Suzano e o identificam como uma espécie nova de *Kirchneriella*: *K. brasiliana.*

K. contorta (Schmidle) Bohlin var. *elegans* (Playfair) Komárek (Fig. 108)

Archiv für Hydrobiologie, supl. 56(2): 256. 1979.

Basiônimo: *Kirchneriella elongata* G.M. Smith var. *elegans* (Playfair) Komárek, Algological Studies 24: 256. 1979.

Colônias formadas por 4 células dispostas irregularmente no interior de mucilagem abundante, bastante visível, células fortemente lunadas, ápices arredondados, no mesmo plano, 7-8 µm compr., 2-3,5 µm larg., distância entre os ápices 4,7-7,5 µm, cloroplastídio 1, parietal, pirenoide ausente.

Distribuição Geográfica

Em literatura: **Estado do Amazonas** (Schmidt & Uherkovich 1973, Uherkovich & Schmidt 1974), **Estado do Rio Grande do Sul** (Hentschke & Torgan 2010), **Estado de São Paulo** (Tucci *et al.* 2019).

Material examinado: **Município de São Paulo** (SP391348, SP400153, SP400155, SP400159, SP400163).

Comentários

Kirchneriella contorta (Schmidle) Bohlin var. *elongata* (G.M. Smith) Komárek difere da variedade-tipo da espécie por apresentar células cilíndricas torcidas uma volta em hélice. As células da variedade-tipo são semicirculares. Os espécimes atualmente examinados concordaram plenamente com os descritos em Komárek & Fott (1983).

K. dianae (Bohlin) Comas (Fig. 109)

Acta Botánica Cubana 2: 4. 1980.

Basiônimo: *Kirchneriella lunaris* (Kirchner) Möbius var. *dianae* Bohlin, Bihang till Kongliga Svenska Vetenskaps-akademiens Handlingar 23: 20, fig. 28-30. 1897.

Colônias formadas por 4, 8, 16 ou 32 células organizadas radialmente no interior de mucilagem inconspícua abundante, margens côncavas voltadas para a periferia da colônia, células fortemente lunadas, contorno celular ovoide, face ventral com forma aproximada de "U", ápices gradualmente afilados, curtos, 7-9 μm compr., 2-4,5 μm larg., distância entre os ápices 2-3,2 μm, cloroplastídio 1, parietal, pirenoide 1.

Distribuição Geográfica

Em literatura: **Estado do Rio Grande do Sul** (Hentschke & Torgan 2010), **Estado de São Paulo** (Tucci *et al.* 2019).

Material examinado: **Município de São Paulo** (SP391348, SP391349, SP391350, SP391352, SP400154, SP400160, SP400162, SP400164).

Comentários

Vários autores não consideram *Kirchneriella dianae* (Bohlin) Comas uma espécie, mas uma variedade taxonômica de *K. lunaris* (Kirchner) Möbius. Comas (1980) comentou que entre esses dois materiais existe diferenças suficientemente significativas para considerá-los espécies distintas. Assim, *K. dianae* possui os ápices celulares alongados e os polos pontiagudos, enquanto *K. lunaris* possui os ápices relativamente curtos e os polos abruptamente pontiagudos. Outra diferença marcante entre essas duas espécies está na distribuição irregular das células no interior da mucilagem colonial em *K. lunaris* e por serem radialmente organizadas, com as margens côncavas voltadas para a periferia da colônia em *K. dianae*.

K. LUNARIS (KIRCHNER) MÖBIUS VAR. *LUNARIS* (FIG. 110)

Abhandlungen der Senckenbergischen Naturforschenden Gesellschaft 18: 331. 1895.

Basiônimo: *Raphidium convolutum* (Corda) Rabenhorst var. *lunare* Kirchner, Kryptogamen-Flora von Schlesien 2(1): 114. 1878.

Colônias formadas por 4, 8 ou 16 células irregularmente dispostas no interior de mucilagem inconspícua abundante, células lunadas a falciformes, ápices abruptamente pontiagudos, abertura entre os ápices em forma quase de "O", 7-8,1 μm compr., 3-5,2 μm larg., distância entre os ápices ca. 1,6 μm, cloroplastídio 1, parietal, pirenoide 1.

Distribuição Geográfica

Em literatura: **Estado do Amazonas** (Grönblad 1945, Schmidt & Uherkovich 1973, Uherkovich & Schmidt 1974, Uherkovich & Rai 1979), **Estado de Mato Grosso** (Bohlin 1897), **Estado de Minas Gerais** (Kammerer 1938, Kleerekoper 1944, Pontes 1980), **Estado do Rio Grande do Sul** (Bicudo & Martau 1974), **Estado de São Paulo** (Kleerekoper 1939, 1944, Azevedo *et al.* 1967, Leite 1974, Tundisi & Hino 1981, Sant'Anna 1984, Rosini *et al.* 2012).

Material examinado: **Município de Campos do Jordão** (SP130445). **Município de Itirapina** (SP130806). **Município de Itu** (SP139733, SP139734). **Município de Porangaba** (SP139740). **Município de Santo André** (SP130439). **Município de São Paulo** (SP130441, SP130453, SP391348, SP391352, SP391357, SP391358, SP400153, SP400155, SP400157, SP400159, SP400161, SP400164).

Comentários

As espécies, variedades e formas taxonômicas de *Kirchneriella* são identificadas, basicamente, pela forma geral da célula e dos ápices celulares, abertura entre os ápices e se eles estão situados no mesmo plano. Assim, *K. lunaris* (Kirchner) Möbius var. *lunaris* é facilmente reconhecida pela forma lunada de suas células, em que os ápices são bastante pontiagudos, dispostos em um mesmo plano, e a abertura entre eles tem forma praticamente de "O". Comas (1966) encontrou, entretanto, espécimes de *K. lunaris* com essa abertura em forma de "V" e "U". As populações examinadas por Rosini *et al.* (2012) apresentaram tal abertura dominantemente em forma de "O", contudo também com forma de "U" em alguns exemplares, mas nunca de "V".

A mucilagem colonial pode ou não ser evidente. No material ora examinado do Estado de São Paulo, a mucilagem foi quase sempre muito difícil de ser notada.

K. LUNARIS (KIRCHNER) MÖBIUS VAR. *IRREGULARIS* G.M. SMITH (FIG. 111)

Bulletin of the Wisconsin Geological & Natural History Survey 57(1): 142, pl. 35, fig. 1. 1920.

Esta variedade difere da típica da espécie por apresentar os ápices celulares torcidos em diferentes sentidos, isto é, dispostos em planos diferentes, e as células medirem 5,6-6,5 µm larg.

Distribuição Geográfica

Em literatura: nada consta.

Material examinado: **Município de Ibiúna** (SP114514). **Município de Santo André** (SP130440). **Município de Ubatuba** (SP130801).

Comentários

A var. *irregularis* G.M. Smith difere da típica da espécie pelos ápices celulares torcidos em sentidos distintos. Esta característica levou Smith (1920) a comparar a var. *irregularis*, no ato de sua descrição original, com *K. contorta* (Schmidle) Bohlin, separando-as pelos ápices pontiagudos típicos de *K. lunaris*. Smith (1920) comparou também a var. *irregularis* com a var. *dianae* Bohlin da mesma espécie, comentando que as duas podem ter ápices celulares torcidos em planos diferentes, mas a var. *dianae* jamais apresenta a torção observada na var. *irregularis*.

K. obesa (W. West) Schmidle var. *obesa* (Fig. 112)

Bericht der Naturforschenden Gesselschaft zu Freiburg i Br. 7: 16. 1893.

Basiônimo: *Selenastrum obesum* W. West, Journal of the Royal Microscopical Society 12: 734, pl. 10, fig. 50-52. 1892.

Colônias formadas por 4, 8 ou 16 células irregularmente distribuídas em uma mucilagem inconspícua abundante, células lunadas, ápices arredondados ou muito pouco afilados, bem próximos um do outro na célula, margem externa fortemente curvada, margem interna com 1 fenda praticamente linear (margens da fenda aproximadamente paralelas), 4-12 µm larg., cloroplastídio 1, parietal, pirenoide 1.

Distribuição Geográfica

Em literatura: **Estado do Amazonas** (Uherkovich & Schmidt 1974, Uherkovich & Rai 1979), **Estado de São Paulo** (Leite 1974, Sant'Anna 1984).

Material examinado: **Município de Juquiá** (SP113664). **Município de Moji das Cruzes** (SP113658, SP113661, SP113662). **Município de Santo André** (SP130433, SP131659). **Município de São Carlos** (SP104686, SP104723). **Município de Tupã** (SP130789).

COMENTÁRIOS

Kirchneriella obesa (W. West) Schmidle var. *obesa* caracteriza-se pelos ápices celulares aproximadamente arredondados ou pouco afilados para a extremidade e a acentuada curvatura das células. Esta curvatura aproxima os ápices celulares a ponto de as células poderem ser descritas como discoides, com uma incisão mediana que varia de um terço à metade do diâmetro do disco. Tal aspecto discoide das células de *K. obesa* var. *obesa* distingue bastante bem a espécie de todas as demais do gênero.

K. OBESA (W. WEST) SCHMIDLE VAR. *MAJOR* (BERNARD) G.M. SMITH (FIG. 113)

Transactions of the Wisconsin Academy of Sciences, Arts and Letters 19: 636, pl. 10, fig. 7. 1918.

Basiônimo: *Kirchneriella major* Bernard, Protococcacées et desmidiées d'eau douce, récoltées à Java. 79, fig. 398. 1908.

A presente variedade difere da típica da espécie por apresentar as margens celulares externa e interna mais ou menos igualmente arqueadas, afilando muito pouco no sentido dos ápices bem arredondados, localizados relativamente distantes um do outro, 8,4-11,2 µm compr., 3-5,2 µm larg.

DISTRIBUIÇÃO GEOGRÁFICA

EM LITERATURA: **Estado de São Paulo** (Leite 1974, Sant'Anna 1984).

MATERIAL EXAMINADO: **Município de Atibaia** (SP104430). **Município de São Paulo** (SP130452).

COMENTÁRIOS

Kirchneriella obesa (W. West) Schmidle var. *major* (Bernard) G.M. Smith é típica por apresentar as margens externa e interna das células quase igualmente arqueadas, ou seja, aproximadamente paralelas entre si, o que lhes confere um aspecto completamente diferente quando comparada com os demais materiais do gênero, que geralmente exibem grande curvatura celular. Consequentemente, entre as espécies e variedades de *Kirchneriella* documentadas para o Estado de São Paulo, esta é a única exceção à caracterização do gênero.

3.4.6 *Monoraphidium* Komárková-Legnerová 1969

Células em geral solitárias, raro juntas por curto intervalo de tempo, formando pares ou tétrades resultantes do processo de reprodução. As células são mais ou menos fusiformes, às vezes cilíndricas e até muitas vezes mais longas do que o próprio diâmetro, podendo ser tanto retas quanto arqueadas e até sigmoides. Quando a célula afila gradualmente para as extremidades, os polos são acuminados e, quando o fazem repentinamente, os polos podem ser mais ou menos arredondados. O único cloroplastídio é parietal, localiza-se lateralmente na célula e tem a forma de uma lâmina que reveste internamente toda a parede celular. Com a idade, entretanto, este plastídio afasta-se dos polos e da região mediana da célula. Mesmo nas células jovens, existe uma reentrância lateral mediana no plastídio, onde está alojado o núcleo da célula. Em algumas espécies, ocorre um pirenoide situado na parte mais ou menos central da célula.

O gênero é, entre as Chlorococcales, um dos que apresenta a maior distribuição cosmopolita no globo. É quase impossível realizar uma coleta de material de plâncton em que não venham exemplares de *Monoraphidium*. Pode ser até bastante difícil separar, na prática, os gêneros *Ankistrodesmus*, *Elakatothrix* e *Monoraphidium*. Os dois primeiros são coloniais, e o último é constituído por espécimes unicelulares solitários. *Elakatothrix* é típico pela forma de divisão celular, em que o septo transversal da divisão é inclinado e as células-filhas parecem deslizar uma sobre a outra à medida que a separação das células progride. *Ankistrodesmus* e *Monoraphidium* reproduzem-se por autósporos, jamais por divisão celular. Segundo Komárková-Legenerová (1969), *Monoraphidium* foi proposto para reunir as formas unicelulares solitárias.

Três espécies foram identificadas de material do Estado de São Paulo, as quais podem ser reconhecidas da seguinte forma:

1. Células fusiformes torcidas em hélice .... *M. contortum*
1. Células fusiformes não torcidas em hélice.
   2. Pirenoide presente . ... *M. braunii*
   2. Pirenoide ausente .... *M. griffithii*

M. braunii (Nägeli *in* Kützing) Komárková-Legnerová (Fig. 114)

Studies in Phycology. 100, pl. 13. 1969.

Basiônimo: *Raphidium braunii* Nägeli *in* Kützing, Species Algarum Rite Cognitae. 891. 1849.

Células isoladas, fusiformes, retas ou quase, ápices acuminados, 6-7 vezes mais longas que a própria largura, 40-52 μm compr., 6,2-10 μm larg., cloroplastídio 1, parietal, pirenoide 1.

Distribuição Geográfica

Em literatura: **Estado do Pará** (Kammerer 1938: como *Ankistrodesmus braunii*), **Estado de São Paulo** (Leite 1974: como *Ankistrodesmus braunii*, Sant'Anna 1984).

Material examinado: **Município de Atibaia** (SP104543). **Município de São Paulo** (SP130800, SP130819, SP130452).

Comentários

A presente identificação e descrição de *Monoraphidium braunii* (Nägeli *in* Kützing) Komárková-Legnerová foi feita conforme Komárková-Legnerová (1969). Ao providenciar estudos de material de *M. braunii* em cultivo, a referida autora observou grande plasticidade morfológica em resposta às condições ambientais. Verificou que todas as características morfológicas diagnósticas utilizadas na identificação de *M. braunii* variaram em maior ou menor extensão, exceto a presença do pirenoide.

O pirenoide é, por isso, uma característica importante na identificação desta espécie, mas não foi levada em consideração por muitos autores. O próprio Nägeli (1849) não mencionou o pirenoide na descrição original da espécie. A presença de tal organela foi definitivamente confirmada por van den Hoek (1963) após examinar o material-tipo da espécie.

Os atuais espécimes do Estado de São Paulo apresentaram pirenoide visível só depois de evidenciá-lo com solução de lugol acético, corroborando os resultados em Komárková-Legnerová (1969). A última autora comentou a possibilidade de existirem formas sem pirenoide morfologicamente semelhantes e identificadas com *M. braunii*, mas que devem ser, muito provavelmente, representantes de outras espécies.

M. contortum (Thuret) Komárková-Legnerová (Fig. 115)

Studies in Phycology. 104, pl. 18, fig. 1-5. 1969.

Basiônimo: *Ankistrodesmus contortus* Thuret, Mémoires de la Société Impériale des Sciences Naturelles de Cherbourg 4: 158, pl. 1, fig. 31. 1856.

Células isoladas, fusiformes, torcidas 1-1,5 voltas em hélice, distância entre os ápices 8,9-32,4 µm, ápices acuminados, 19-25 µm compr., 1,2-2 µm larg., cloroplastídio 1, parietal, pirenoide ausente.

Distribuição Geográfica

Em literatura: **Estado de São Paulo** (Rosini *et al.* 2012, Tucci *et al.* 2019).

Material examinado: **Município de São Paulo** (SP130452, SP391348, SP391352, SP400154, SP400157, SP400158, SP400159, SP400161, SP400164).

Comentários

Há bastante semelhança entre *Monoraphidium contortum* (Thuret) Komárková-Legnerová e *Monoraphidium irregulare* (G.M. Smith) Komárková-Legenerová, e a diferença está na distância entre os ápices celulares, que é maior na última espécie (40-72 µm).

M. griffithii (Berkeley) Komárková-Legnerová (Fig. 116)

Studies in Phycology. 97, 98, pl. 11, fig. 1-4. 1969.

Basiônimo: *Closterium griffithii* Berkeley, Annals and Magazine of Natural History 13(76): 256, pl. 14, fig. 2. 1854.

Células isoladas, fusiformes, retas, ápices gradualmente acuminados, 6-7 vezes mais longas que a própria largura, 45-55 µm compr., ca. 2,4 µm larg., cloroplastídio 1, parietal, pirenoide ausente.

Distribuição Geográfica

Em literatura: **Estado de São Paulo** (Rosini *et al.* 2012, Tucci *et al.* 2019).

Material examinado: **Município de São Paulo** (SP400155).

Comentários

Monoraphidium griffithii (Berkeley) Komárková-Legnerová lembra, morfologicamente, bastante *Monoraphidium braunii* (Nägeli *in* Kützing) Komárková-Legenerová, da qual difere, unicamente, pela segunda espécie possuir pirenoide e a primeira não.

3.4.7 *NEPHROCYTIUM* NÄGELI 1849

Indivíduos coloniais de vida livre. As colônias são compostas por 4, 8 ou 16 células dispostas bastante irregularmente na periferia de uma matriz mucilaginosa comum, abundante, homogênea, resultante da gelatinização da parede da célula-mãe dos autósporos. As células podem ser elípticas, ovoides ou reniformes. Cada célula tem apenas um cloroplastídio laminar de situação parietal, revestindo internamente toda a parede celular, e possui um pirenoide.

Duas espécies ocorrem no Estado de São Paulo:

1. Células reniformes ou cilíndricas arqueadas,
   ápices celulares arredondados .... *N. agardhianum*
1. Células lunadas, ápices celulares pontiagudos .... *N. lunatum*

N. AGARDHIANUM NÄGELI (FIG. 117)

Gattungen einzelliger Algen, physiologisch und systematisch bearbeitet. 79, pl. 3, fig. Ca-p. 1849.

Colônias oblongas a elípticas, constituídas por 4 ou 8 células irregularmente distribuídas em mucilagem copiosa, 50-60 µm compr., 25-30 µm larg., células cilíndricas arqueadas a reniformes, ápices arredondados, 10-17 µm compr., 5-7,5 µm larg., cloroplastídio 1, parietal, pirenoide 1.

DISTRIBUIÇÃO GEOGRÁFICA

EM LITERATURA: **Estado do Amazonas** (Uherkovich 1976).

MATERIAL EXAMINADO: **Município de Avaré** (SP130956). **Município de Itu** (SP139735). **Município de Jaú** (SP113489, SP130424). **Município de Piratininga** (SP139752). **Município de Porangaba** (SP139740, SP139741). **Município de Sorocaba** (SP139737).

COMENTÁRIOS

As características utilizadas para identificar taxonomicamente as espécies de *Nephrocytium* são, basicamente, a forma e o tamanho das células.

Nephrocytium agardhianum Nägeli é característico pela forma reniforme ou cilíndrico-arqueada de suas células, no que difere da outra espécie do gênero coletada no Estado de São Paulo, *N. lunatum* W. West, que possui células lunadas.

Conforme Fott (1964), o material de *N. agardhianum* em Rich (1935) é sinônimo de *Oonephris obesa* (W. West) Fott, não coincidindo com o original em Nägeli (1849).

N. LUNATUM W. WEST (FIG. 118)

Journal of the Royal Microscopical Society 12: 736, pl. 10, fig. 49. 1892.

Colônias oblongas a elípticas, constituídas por 2, 4 ou 8 células irregularmente distribuídas em mucilagem copiosa, 34-80 µm compr., 20-45 µm larg., células lunadas, ápices pontiagudos, 15-30 µm compr., 6,3-12,5 µm larg., cloroplastídio 1, parietal, pirenoide 1.

DISTRIBUIÇÃO GEOGRÁFICA

EM LITERATURA: nada consta.

MATERIAL EXAMINADO: **Município de Itirapina** (SP123858). **Município de Rio Claro** (SP123861).

COMENTÁRIOS

Nephrocytium lunatum W. West é uma espécie bastante típica e prontamente identificada pela forma lunada de suas células, cujos ápices são pontiagudos. Tais feições distinguem-na com facilidade de todas as demais espécies do gênero.

3.4.8 *OOCYSTIS* NÄGELI 1855

Colônias de vida livre compostas por 2, 4, 8 ou 16 células dispostas ao acaso no interior de restos gelatinizados da parede da célula-mãe dos esporos, os quais podem persistir por duas ou até três gerações. Esses remanescentes podem avolumar-se bastante, a ponto de ganharem a aparência de um envoltório de mucilagem. As células raramente existem isoladas. Quanto à forma, as células podem ser elípticas, ovoides ou, mais raro, citroniformes e possuir a parede celular relativamente delgada, contudo frequentemente espessada em ambos os polos. Podem existir desde um até vários cloroplastídios por célula, de situação parietal e dotados de formas variadas (discoide, laminar, lobado ou semelhante a ouriço) e podem possuir um pirenoide. Duas espécies (*O. coronata* e *O. pseudocoronata*) possuem uma coroa de verrugas acastanhadas circundando cada polo da célula e foram transferidas para o gênero *Granulocystopsis*.

As seis espécies que ocorrem no Estado de São Paulo podem ser identificadas como segue:

1. Células elípticas, cloroplastídio 1, pirenoide presente.
   2. Cloroplastídio poculiforme, células medindo 12-24 x 9-18 µm .... *O. borgei*
   2. Cloroplastídio laminar, células medindo 9-11 x 6-6,6 µm .... *O. pusilla*
1. Células elípticas ou oblongas, cloroplastídios 1 ou vários, pirenoide presente ou ausente.
   3. Células elípticas ou oblongas, polos arredondados, nódulos polares ausentes, vários cloroplastídios laminares, pirenoide ausente .... *O. elliptica*
   3. Células elípticas, polos arredondados ou levemente pontiagudos, nódulos polares presentes, 1 ou vários cloroplastídios, pirenoide presente ou ausente.
      4. Células com nódulos polares, cloroplastídios numerosos, cada um com 1 pirenoide .... *O. solitaria*
      4. Células com ou sem nódulos polares, cloroplastídios 1-4, pirenoide presente ou ausente.
         5. Relação comprimento: largura celular ≥ 2 .... *O. lacustris*
         5. Relação comprimento: largura celular < 2 . ... *O. marssonii*

O. BORGEI SNOW (FIG. 119)

Bulletin of the United States Fisheries Commission 22: 379, pl. 2, fig. VII. 1903.

Colônias com 2, 4, 8 ou 16 células irregularmente distribuídas em mucilagem copiosa, células elípticas a oblongas, polos arredondados, nódulos polares ausentes, 12-24 µm compr., 9,7-18 µm larg., cloroplastídio 1, 2 ou 4, poculiforme, parietal, pirenoide 1.

DISTRIBUIÇÃO GEOGRÁFICA

EM LITERATURA: **Estado do Amazonas** (Uherkovich 1976), **Estado do Rio de Janeiro** (Bicudo & Bicudo 1969), **Estado de São Paulo** (Leite 1974, Sant'Anna 1984, Rosini *et al.* 2012, Tucci *et al.* 2019).

MATERIAL EXAMINADO: **Município de Jaú** (SP130426). **Município de Salesópolis** (SP123873). **Município de São Paulo** (SP391348, SP391349, SP391350, SP400153, SP400154, SP400155, SP400157, SP400158, SP400161, SP400163, SP400164).

Comentários

As características utilizadas para separar espécies de *Oocystis* são: forma e tamanho das células, presença ou ausência de nódulos polares, presença e tipo de ornamentação da parede celular, tipo e número de cloroplastídios das células vegetativas e dos autósporos, presença ou ausência de pirenoide e tipo de mucilagem colonial.

O presente material do Estado de São Paulo foi identificado com *O. borgei* Snow baseado em Prescott (1962). A literatura a respeito desta espécie menciona células com um até quatro plastídios, mas quase sempre ilustra indivíduos só com um. Nos atuais materiais de Jaú e Salesópolis, foram encontrados exemplares com apenas um cloroplastídio do tipo poculiforme e um pirenoide que nem sempre é facilmente visível. Esses materiais discordaram da literatura consultada (Smith 1920, Prescott 1962, Philipose 1967, Guarrera *et al.* 1968) pela ocorrência de uns poucos exemplares com dimensões comparativamente superiores (24 x 18 µm) e algumas colônias com 16 células (a literatura registrou sempre oito células). Mesmo assim, foi preferível incluir o atual material do Estado de São Paulo no espectro de variação de *O. borgei* até que se conheça mais satisfatoriamente a variação das características morfológicas vegetativas e reprodutivas da espécie. No trabalho de Rehaková (1969), *O. borgei* aparece apenas em uma lista de táxons ainda não conhecidos para a então Tcheco-eslováquia.

O. elliptica W. West (Fig. 120)

Journal of the Royal Microscopical Society 1892: 736, pl. 10, fig. 56. 1892.

Colônias com 2, 4 ou 8 células irregularmente distribuídas em mucilagem copiosa, células oblongas ou elípticas, polos arredondados, nódulos polares ausentes, 15-23 µm compr., 10-15 µm larg., cloroplastídios numerosos, disciformes, parietais, pirenoide ausente.

Distribuição Geográfica

Em literatura: **Estado do Pará** (Grönblad 1945), **Estado do Rio de Janeiro** (Bicudo & Bicudo 1969), **Estado de São Paulo** (Leite 1974, Sant'Anna 1984).

Material examinado: **Município de Moji das Cruzes** (SP113661). **Município de São Carlos** (SP104723).

Comentários

Entre as espécies de *Oocystis* que ocorrem no Estado de São Paulo, *O. elliptica* W. West é bastante peculiar pelo seguinte conjunto de características: células oblongas ou elípticas cujos polos são arredondados e destituídos de nódulos e possuem vários cloroplastídios parietais, disciformes, destituídos de pirenoide.

Os espécimes ora identificados encontram-se bem descritos e ilustrados nos trabalhos de Smith (1920), Prescott (1962) e Philipose (1967).

O. lacustris Chodat (Fig. 121-125)

Bulletin de l'Herbier Boissier 5: 119, pl. 10, fig. 1-7. 1897.

Células isoladas ou em colônias com 2, 4, 8 ou 16 células irregularmente distribuídas em mucilagem copiosa, células elípticas, polos levemente pontiagudos, nódulos polares presentes ou ausentes, 9-29 µm compr., 4-10 µm larg., relação comprimento:largura celular e" 2, cloroplastídios 1-4, parietais, com ou sem pirenoide.

Distribuição Geográfica

Em literatura: **Estado do Amazonas** (Uherkovich & Schmidt 1974, Uherkovich & Rai 1979), **Estado de São Paulo** (Leite 1974, Hino 1979, Hino & Tundisi 1981, Sant'Anna 1984, Rosini *et al.* 2012, Tucci *et al.* 2019).

Material examinado: **Município de Avaí** (SP139747). **Município de Cananeia** (SP130823, SP130824). **Município de Rio Claro** (SP123862). **Município de Santo André** (SP130439, SP130446). **Município de São Bernardo do Campo** (SP130436, SP131569). **Município de São Paulo** (SP131583, SP391350, SP391352, SP400161).

Comentários

Oocystis lacustris Chodat encontra-se, assim como outras espécies do gênero, bastante mal definida, sendo extremamente semelhante a O. *marssonii* Lemmermann e O. *parva* West & West.

Há expressões morfológicas da fase vegetativa dessas três espécies que são tão semelhantes umas às outras que tornam praticamente impossível sua identificação taxonômica precisa. A única maneira de diferir essas espécies é através da observação de seus hábitos da fase reprodutiva. Torna-se, por conseguinte, absolutamente necessário conhecer o modo como os autósporos são liberados da célula-mãe e, principalmente, o número de cloroplastídios em cada autósporo no momento de sua liberação. Apenas feições morfológicas como forma e tamanho das células adultas e presença ou ausência de nódulos polares não são suficientes para diferir com precisão as espécies em questão. Segundo Rehaková (1969), *O. lacustris* difere de *O. marssonii* por apresentar um único cloroplastídio em cada autósporo no ato de sua liberação da célula-mãe, enquanto *O. marssonii* apresenta dois ou mais. A mesma autora diferiu *O. lacustris* de *O. parva* pelo tamanho das células adultas, tipo de autósporos e modo como os últimos são liberados da célula-mãe.

Quanto ao material do Estado de São Paulo, foram encontrados indivíduos isolados ou constituindo pequenas colônias, mas nenhum na fase de liberação de autósporos. Os nódulos polares são bastante peculiares (fig. 122, 124-125), mas não apareceram em todos os indivíduos; o número de cloroplastídios variou nas células adultas entre um e quatro e, até mesmo, nos diferentes indivíduos de uma mesma colônia; as medidas celulares tomadas foram bem amplas, englobando os intervalos métricos de *O. lacustris*, *O. marssonii* e, em parte, também os de *O. parva* em Rehaková (1969); e o pirenoide esteve ou não presente.

Os espécimes observados foram morfologicamente tão variados que preferimos identificá-los com *O. lacustris* apenas por ser esse o nome mais antigo dos três em caso de sinonimização e, também, por considerar o intervalo de medidas celulares mais concordante com os apresentados em Philipose (1967) para os espécimes indianos desta espécie.

O. marssonii Lemmermann (Fig. 128)

Botanisches Centralblatt 76: 151. 1898.

Colônias com 4 ou 8 células irregularmente distribuídas em mucilagem abundante, células elípticas, polos levemente acuminados, nódulos polares ausentes, 12,9-20 μm compr., 10,5-15 μm larg., relação comprimento:largura celular < 2, cloroplastídios 2 ou 4, parietais, pirenoide 1 em cada plastídio.

Distribuição Geográfica

Em literatura: **Estado de São Paulo** (Rosini *et al.* 2012, Tucci *et al.* 2019).

Material examinado: **Município de São Paulo** (SP391348, SP391349, SP391350, SP391357, SP391358, SP400155, SP400157, SP400158, SP400159, SP400161, SP400162, SP400163).

COMENTÁRIOS

Reháková (1969) diferiu *Oocystis marssonni* Lemmermann de *O. lacustris* Chodat pelo número de cloroplastídios por célula jovem, a relação comprimento:largura das células e a forma de liberação dos autósporos da parede da célula-mãe. Assim, *O. marssonii* apresenta dois cloroplastídios nas células jovens, a relação celular comprimento:largura é < 1 e a liberação dos autósporos é feita através da ruptura da parede da célula-mãe, enquanto *O. lacustris* possui apenas um cloroplastídio por autósporo, relação celular comprimento:largura > 1,9 e liberação dos autósporos pela gelatinização da parede da célula-mãe. Komárek & Fott (1983) utilizaram, além disso, as dimensões celulares que referiram ser de 6,4-25(-32) µm compr. e 4-14(-22) µm larg. em *O. marssonii* e (4-)6,4-11,2(-14,4) µm compr. e (1,6-)3,2-6,4 µm larg. em *O. lacustris*.

O. PUSILLA HANSGIRG (FIG. 127)

Sitzungsberichte der Königlichen Böhmischen Gesellschaft der Wissenschaften, Mathematisch-naturwissenschaftliche Classe 1890(1): 9. 1890.

Colônias com 4 ou 8 células irregularmente distribuídas em mucilagem copiosa, células elípticas, polos arredondados, nódulos polares ausentes, 9,4-11 µm compr., 6-6,6 µm larg., cloroplastídio 1, parietal, pirenoide 1.

DISTRIBUIÇÃO GEOGRÁFICA

EM LITERATURA: **Estado de São Paulo** (Sant'Anna 1984).

MATERIAL EXAMINADO: **Município de Mococa** (SP113553). **Município de Pinhal** (SP113527). **Município de São Bernardo do Campo** (SP113569).

COMENTÁRIOS

Oocystis pusilla Hansgirg é uma espécie originalmente mal descrita, necessitando de mais estudos para confirmar certas características em sua diagnose. Para Rehaková (1969), esta espécie que figura apenas em uma lista de materiais não encontrados na então Tcheco-eslováquia apresenta características ainda pouco esclarecidas, como a presença ou ausência de espessamento polar e de pirenoide e o padrão da mucilagem colonial. Dados mais precisos a respeito dessas características precisam ser obtidos para uma cabal identificação da espécie. Rehaková (1969) diferiu *O. pusilla* de *O. solitaria* Wittrock utilizando apenas o ambiente geralmente planctônico da primeira; e Printz (1913) as diferiu pelo padrão da mucilagem colonial.

Smith (1920) e Philipose (1967) descreveram *O. pusilla* com as células possuindo dois ou três plastídios destituídos de pirenoide. Prescott (1962) afirmou, entretanto, que a espécie possui um ou dois cloroplastídios e o pirenoide pode, às vezes, estar presente.

O material do Estado de São Paulo foi identificado e descrito conforme Prescott (1962), por apresentar um único plastídio com pirenoide por indivíduo.

O. SOLITARIA WITTROCK (FIG. 126)

Botaniska Notiser 1879(1): 24, fig. 1-5. 1879.

Colônias com 2, 4 ou 8 células irregularmente distribuídas em mucilagem copiosa, células elípticas, polos arredondados ou levemente acuminados, nódulos polares presentes, 20-24 µm compr., 12-15 µm larg., cloroplastídios numerosos, placoides, poligonais, parietais, pirenoide 1 por plastídio.

DISTRIBUIÇÃO GEOGRÁFICA

EM LITERATURA: **Estado do Amazonas** (Uherkovich & Franken 1980), **Estado de Mato Grosso** (Hoehne *et al.* 1971), **Estado de Mato Grosso do Sul** (Bohlin 1897, Borge 1925), **Estado do Pará** (Kammerer 1938), **Estado do Rio de Janeiro** (Wille 1884, Möbius 1899), **Estado de Santa Catarina** (Möbius 1895), **Estado de São Paulo** (Borge 1918, Sant'Anna 1984).

MATERIAL EXAMINADO: **Município de Rio Claro** (SP123862).

COMENTÁRIOS

Oocystis solitaria Wittrock é uma espécie bastante típica pela forma elíptica das células e os numerosos plastídios poligonais em cada célula, cada um com um pirenoide. Além disso, a parede da célula-mãe tem espessamentos polares bem típicos, os quais podem ser melhor observados se for utilizada solução aquosa a 4% de azul de metileno. Em alguns exemplares, os pirenoides não são muito evidentes, necessitando de coloração com solução de lugol acético para sua evidenciação.

Prescott (1962) apresentou medidas celulares menores dos exemplares que examinou quando comparadas com as do presente material do Estado de São Paulo. Rehaková (1969) considerou um intervalo maior de medidas que englobou também as do atual material de São Paulo. Segundo o esquema desta última autora, *O. solitaria* inclui duas formas taxonômicas, f. *solitaria* (forma típica) e f. *major* Wille, que seriam distintas apenas pelas medidas. Não foi possível presentemente observar tal variação no material do Estado de São Paulo, pois foram encontrados poucos exemplares desta espécie coletados de uma localidade em Rio Claro, cujos limites métricos coincidiram plenamente com a gama de variação que abrange as duas formas taxonômicas acima, sem qualquer intervalo entre ambas. Por esta razão, deixamos de considerar as referidas formas e identificamos o material do Estado de São Paulo apenas em nível de espécie: *O. solitaria*.

Veit Brecher Wittrock em Wittrock & Nordstedt (1879) mencionou, no momento da descrição original da espécie, a existência de indivíduos comumente solitários, fato este não observado no material ora estudado, que reuniu só espécimes coloniais. Isto se deveu, muito provavelmente, ao pequeno número de exemplares que encontramos para estudo.

3.4.9 *Quadrigula* Printz 1915

Indivíduos coloniais, colônias formadas por um, dois, três e até vários grupos de quatro células dispostas paralelamente umas às outras segundo seus eixos mais longos e sempre envolvidas por uma matriz mucilaginosa homogênea e abundante. As células estão dispostas de modo a constituir um prisma de base quadrada, sem, entretanto, se tocarem, e podem ser fusiformes, retas ou levemente curvadas, cujos polos são acuminados ou acuminado-arredondados. O cloroplastídio é único em cada célula, laminar, parietal, lateral e pode ou não ter um pirenoide.

Duas espécies ocorrem no Estado de São Paulo e podem ser identificadas como segue:

1. Células fusiformes, retas; cloroplastídio com uma abertura central
e 2 pirenoides .... *Q. chodati*
1. Células aciculares, curvas; cloroplastídio sem abertura central e
sem pirenoide .... *Q. lacustris*

Q. chodati (Tanner-Fullman) G.M. Smith (Fig. 129)

Bulletin of the Wisconsin Geological & Natural History Survey 57: 138, pl. 33, fig. 3. 1920.

Basiônimo: *Raphidium chodati* Tanner-Fullman, Bulletin de l'Herbier Boissier: série 6, 2: 156, fig. 1-11. 1906.

Colônias elípticas, 4 células dispostas longitudinalmente no interior de mucilagem copiosa, células fusiformes, retas, 20-25 µm compr., 3,5-4 µm larg., cloroplastídio 1, parietal, abertura na parte central, 2 pirenoides.

DISTRIBUIÇÃO GEOGRÁFICA

EM LITERATURA: nada consta.

MATERIAL EXAMINADO: **Município de Moji das Cruzes** (SP113622).

COMENTÁRIOS

O gênero *Quadrigula* lembra bastante *Ankistrodesmus* do ponto de vista morfológico, a ponto de Prescott (1962) comentar que certas espécies de *Quadrigula* foram incluídas em diversos trabalhos em *Ankistrodesmus*. A diferença está no arranjo das células no interior da mucilagem colonial e na existência do envoltório mucilaginoso que não existe em *Ankistrodesmus*. Komárek (1974) distinguiu os dois gêneros pelo fato de as células estarem mais distantes umas das outras nas colônias de *Quadrigula* e menos em *Ankistrodesmus* e pelo envoltório de mucilagem estar claramente delimitado em *Quadrigula*, mas não em *Ankistrodesmus*. Komarková-Legnerová (1969) caracterizou *Quadrigula* na revisão que realizou do gênero *Ankistrodesmus* por ser sempre colonial e suas células aparecerem separadas umas das outras e organizadas paralelamente entre si ao longo do eixo maior do envoltório de mucilagem.

Os espécimes de *Quadrigula chodati* (Tanner-Fullman) G.M. Smith coletados no Estado de São Paulo coincidiram, perfeitamente, com a descrição e ilustração da espécie em Smith (1920). O cloroplastídio com uma abertura na região mediana da célula e a presença de dois pirenoides por célula caracterizaram suficientemente bem esta espécie.

Q. LACUSTRIS (CHODAT) G.M. SMITH (FIG. 130)

Bulletin of the Wisconsin Geological & Natural History Survey 57: 139, pl. 33, fig. 4-6. 1920.

Basiônimo: *Raphidium braunii* Nägeli var. *lacustre* Chodat, Algues vertes de la Suisse. Pleurococcoïdes: Chroolépoïdes. 200, fig. 117. 1902.

Colônias elípticas, 4, 8 ou 16 células dispostas longitudinalmente aos pares, mucilagem copiosa, células aciculares, levemente curvadas, 28-32 µm compr., 2,2-2,4 µm larg., cloroplastídio 1, parietal, sem abertura na parte central, pirenoide ausente.

DISTRIBUIÇÃO GEOGRÁFICA

EM LITERATURA: nada consta.

MATERIAL EXAMINADO: **Município de Cananeia** (SP130813).

COMENTÁRIOS

Quadrigula lacustris (Chodat) G.M. Smith é típica por suas células aciculares suavemente curvadas e, em geral, reunidas em colônias de 8 ou 16 células dispostas aos pares no interior de um envoltório comum de mucilagem. O cloroplastídio reveste parietal e internamente toda a parede celular, exceto os ápices, não deixando qualquer abertura na região mediana da célula, como acontece com *Q. chodati.*

A largura dos espécimes presentemente observados é pouco menor do que os respectivos limites mínimos constantes na literatura (Chodat 1902, Smith 1920, Prescott 1962), porém o atual material concordou, de maneira geral, com as descrições e ilustrações na literatura.

3.5 FAMÍLIA RADIOCOCCACEAE

Células em grupos de duas, quatro ou oito distribuídas mais ou menos distantes umas das outras e sempre organizadas em colônias arredondadas ou tabulares envoltas por bainha de mucilagem abundante, homogênea ou radialmente estriada. As células podem ser esféricas, elípticas ou, mais raro, reniformes ou lunadas. O cloroplastídio é único por célula, situa-se parietalmente e tem a forma de copo (poculiforme) ou podem ocorrer vários plastídios discoides. Pirenoide pode ou não estar presente. A reprodução ocorre exclusivamente por autósporos, não se conhecendo ainda a reprodução sexuada.

Um único gênero de Radiococcaceae foi presentemente identificado:

3.5.1 *RADIOCOCCUS* SCHMIDLE 1902

Indivíduos coloniais, colônias globosas ou tabulares formadas por grupos de 2, 4 ou 8 células situadas mais ou menos equidistantes umas das outras e envoltas por bainha mucilaginosa abundante, homogênea ou radialmente estriada. As células são globosas ou elipsoidais ou, mais raro, reniformes ou lunadas. O cloroplastídio é único em cada célula, parietal e poculiforme, mas, às vezes, pode ocorrer vários plastídios disciformes. Pirenoide pode estar presente ou não.

Quatro espécies foram identificadas para o Estado de São Paulo, quais sejam:

1. Células dispostas em 2 planos paralelos, cada célula de um plano situada no espaço entre 2 células do outro plano .... *R. fottii*
1. Células não dispostas em 2 planos paralelos.

2. Células dispostas irregularmente no interior da bainha colonial
de mucilagem ....*R. planktonicus*
2. Células organizadas em tetraedros ou octaedro na mucilagem colonial.
   3. Fragmentos da parede da célula-mãe presentes;
cloroplastídio com 2 pirenoides ....*R. skujae*
   3. Fragmentos da parede da célula-mãe ausentes;
cloroplastídio com 1 pirenoide ....*R. polycoccus*

R. fottii (Hindák) Kostikov, Darienko, Lukešová & Hoffmann (Fig. 131)

Archiv für Hydrobiologie, supl. 142 (Algological Studies 104): 39. 2002.

Basiônimo: *Coenococcus fottii* Hindák, Biologicke Práce 23(4): 14, pl. 2, fig. 1. 1977.

Colônias globosas, (2-)4 ou 8 células dispostas em 2 planos paralelos, cada célula de um plano situada no espaço entre 2 células do outro plano, bainha colonial mucilaginosa hialina, células esféricas, 5-6 µm diâm., cloroplastídio 1, poculiforme, parietal, pirenoide 1.

Distribuição Geográfica

Em literatura: **Estado de Goiás** (Bazza 1998, Silva *et al.* 2001, Nogueira *et al.* 2008, Nogueira & Oliveira 2009, Alves *et al.* 2014, como *Eutetramorus fottii*; D'Alessando & Nogueira 2017), **Estado de São Paulo** (Rosini *et al.* 2012, como *Eutetramorus fottii*; Tucci *et al.* 2019).

Material examinado: **Município de São Paulo** (SP391352, SP400157, SP400162, SP400163).

Comentários

Radiococcus fottii (Hindák) Kostikov *et al.* é característico por formar colônias em que as células estão dispostas em dois planos, de modo que cada célula de um plano está situada entre duas do outro plano, configurando, assim, colônias em forma de coroa.

R. planktonicus Lund (Fig. 132)

Journal of the Linnean Society: botany 55: 594, 611, fig. 1a-c. 1956.

Colônias globosas, 4 células irregularmente dispostas no interior de bainha colonial mucilaginosa, cuja periferia é estriada radialmente, células esféricas, 4-5,6 µm diâm., cloroplastídio 1, poculiforme, parietal, pirenoide ausente.

DISTRIBUIÇÃO GEOGRÁFICA

EM LITERATURA: nada consta.

MATERIAL EXAMINADO: **Município de Salesópolis** (SP123873).

COMENTÁRIOS

Radiococcus é mais um gênero das Chlorococcales pouco conhecido por ter sido originalmente mal descrito, o que favoreceu a existência de classificações diferentes segundo os diversos autores.

Lund (1956) comparou *Radiococcus planktonicus* Lund com *Sphaerocystis schroeteri* Chodat, salientando que a distribuição ao acaso dos numerosos grupos de quatro células no interior da mucilagem colonial determinou, em *R. planktonicus*, a perda da forma inicialmente arredondada das colônias, fato no qual se baseou não só para separar as duas espécies, mas também para diferir *R. planktonicus* de espécies de *Gemellicystis*, *Gloeocystis*, *Paulschuzia* e *Planktosphaeria*.

Fott (1974) incluiu três espécies em *Radiococcus*: *R. nimbatus* (De Wildeman) Schmidle, *R. planktonicus* e *R. subcylindrus* Koršikov, utilizando, para diferenciá-las, o número de células na colônia, a presença ou ausência de estrias radiais na mucilagem colonial e o arranjo tetraédrico ou não das células no interior da mucilagem colonial. Fott (1974) considerou *Coenococcus planctonicus* Koršikov um sinônimo heterotípico de *R. planktonicus*. Philipose (1967) fez, no entanto, o inverso, e Bourrelly (1972) incluiu *R. planktonicus* no gênero *Eutetramorus*, efetuando a combinação *E. lundii* Bourrelly.

O material ora examinado concordou bastante com as descrições e ilustrações de *R. planktonicus* em Lund (1956) e Fott (1974). Os referidos autores notaram, contudo, certa dificuldade em distinguir *R. planktonicus* de *S. schroeteri*, pois os aspectos gerais das colônias das duas espécies são bastante semelhantes. Para distingui-las, os ditos autores tomaram por base o menor diâmetro das células de *R. planktonicus*, a ausência de pirenoide e o envoltório colonial mucilaginoso com os bordos irregulares. Notaram, ainda, que as colônias de *R. planktonicus* vão perdendo a forma globosa à medida que aumentam de volume devido à autosporulação. O último fato não pode ser considerado isoladamente, a nosso entender, pois as colônias de *S. schroeteri* também apresentam comportamento semelhante.

R. polycoccus (Koršikov) Kostikov, Darienko, Lukešová & Hoffmann (Fig. 154)

Archiv für Hydrobiologie, supl. 142 (Algological Studies 104): 40. 2002.

Basiônimo: *Sphaerocystis polycocca* Koršikov, Viznachnik prisnovodnihk vodorostey Ukrainsykoi RSR [Vyp] 5: 327, fig. 301a-b. 1953.

Colônias esféricas, 4 ou 8 células dispostas em octaedro mais ou menos nítido no interior de bainha colonial mucilaginosa abundante, fragmentos da parede das células-mãe ausentes, células esféricas, 8-10,9 μm diâm., cloroplastídio 1, poculiforme, parietal, pirenoides 2.

Distribuição Geográfica

Em literatura: **Estado de São Paulo** (Rosini 2015, não publicado, Tucci *et al.* 2019).

Material examinado: **Município de São Paulo** (SP123873).

Comentários

Radiococcus polycoccus (Koršikov) Kostikov *et al.* é uma espécie bem definida ao considerar a organização das células em octaedro no interior de bainha colonial abundante e, também, a ausência de restos da parede da célula-mãe após a produção dos autósporos. Outra diferença é a ocorrência de um pirenoide por célula. Estas características permitem separar, com certa facilidade, *R. polycoccus* de *R. skujae* Kostikov *et al.*

R. skujae Kostikov, Darienko, Lukešová & Hoffmann (Fig. 155)

Archiv für Hydrobiologie, supl. 142 (Algological Studies 104): 40. 2002.

Basiônimo (nome substituído): *Schizochlamys planctonica* Skuja, Nova Acta Regiae Societatis Scientiarum Upsaliensis: série 4, 16: 164. 1956.

Colônias esféricas, 8 células dispostas em tetraedros ou octaedro no interior de bainha colonial mucilaginosa abundante, fragmentos da parede das células-mãe presentes, células esféricas, 5,6-6,3 μm diâm., cloroplastídio 1, poculiforme, parietal, pirenoide 1.

Distribuição Geográfica

Em literatura: **Estado de São Paulo** (Rosini 2015, não publicado, Tucci *et al.* 2019).

Material examinado: **Município de São Paulo** (SP123873).

COMENTÁRIOS

Radiococcus skujae Kostikov *et al.* é uma espécie bem marcada pela distribuição das células em tetraedros ou octaedro no interior de bainha colonial abundante, onde persistem restos da parede da célula-mãe após a produção dos autósporos. Também, por possuir dois pirenoides por célula. Assim caracterizada, *R. skujae* pode ser prontamente diferenciada de *R. polycoccus* (Koršikov) Kostikov *et al.*, a espécie de cujos espécimes, morfologicamente, mais se aproximam. A combinação *Radiococcus skujae* Kostikov *et al.* ainda não foi avaliada quanto à sua entrada no AlgaeBase (Guiry & Guiry 2020).

3.6 FAMÍLIA MICRACTINIACEAE

Indivíduos isolados ou em colônias formadas por um até vários grupos de quatro células. As células são esféricas, em geral uninucleadas, e a parede celular apresenta setas orientadas radialmente. O cloroplastídio é único e poculiforme ou, mais raro, podem ser vários placoides, mas sempre ocupam posição parietal e possuem um pirenoide. A reprodução assexuada ocorre por autósporos ou zoósporos, e a sexuada por oogamia.

Chave para identificação dos gêneros de Micractiniaceae do Estado de São Paulo:

1. Indivíduos coloniais, colônias globosas, quadráticas ou piramidais,
   parede celular ornada com setas mais ou menos longas .... *Micractinium*
1. Indivíduos unicelulares isolados, parede celular ornada com setas
   mais ou menos longas.
   2. Cloroplastídio destituído de pirenoide .... *Phytelios*
   2. Cloroplastídio com pirenoide
      3. Cloroplastídio urceolado, pirenoide reniforme .... *Golenkinia*
      3. Cloroplastídio poculiforme, pirenoide anelar .... *Golenkiniopsis*

3.6.1 *GOLENKINIA* CHODAT 1894

Indivíduos unicelulares, em geral de vida livre e isolada, cuja célula é esférica e a parede celular revestida por um grande número de setas (espinhos longos e delicados) que afilam gradualmente para a extremidade livre. Os indivíduos-filhos podem, embora raro, manterem-se juntos por conta das setas que entrelaçam, formando o que a literatura chama de "falsas colônias". Existe uma tênue camada de mucilagem envolvendo a base dos espinhos. O cloroplastídio é único em cada célula, do tipo urceolado, e possui um pirenoide mais ou menos reniforme.

Koršikov (1953) propôs o gênero *Golenkiniopsis* para reunir sete ou oito espécies antes incluídas em *Golenkinia*, porém que não possuíam envoltório de mucilagem, mas tinham cloroplastídio poculiforme, pirenoide não reniforme e se multiplicavam por zoósporos ou oogamia. Entretanto, o histórico-de-vida de *Golenkinia* ainda é muito pouco conhecido, fazendo com que a existência de zoósporos quadriflagelados neste grupo de sete ou oito espécies ainda precise ser confirmada.

Chave para identificação das duas espécies de *Golenkinia* que ocorrem no Estado de São Paulo:

1. Células grandes (12-14 µm diâm.), setas 10-17 µm compr. .... *G. paucispina*
1. Células pequenas (5-8 µm diâm.), setas 13-25 µm compr. .... *G. radiata*

G. paucispina West & West (Fig. 136)

Transactions of the Royal Irish Academy 32: 68, pl. 1, fig. 18. 1902.

Células isoladas, esféricas, 12-14 µm diâm., parede celular ornada com setas relativamente curtas, bastante visíveis, 10-17 µm compr., cloroplastídio 1, poculiforme, parietal, pirenoide 1.

Distribuição Geográfica

Em literatura: **Estado de São Paulo** (Leite 1974, Sant'Anna 1984).

Material examinado: **Município de Irapuã** (SP113484). **Município de Santo André** (SP130446). **Município de São Paulo** (SP130441).

Comentários

Golenkinia paucispina West & West e *G. radiata* Chodat são as duas espécies conhecidas no Estado de São Paulo. São espécies bastante semelhantes entre si; a diferença reside no maior tamanho das células da primeira espécie (*G. paucispina*) e no comprimento relativamente maior das setas da segunda (*G. radiata*).

No caso dos espécimes coletados no Estado de São Paulo, o tamanho das setas nem sempre pôde ser usado para separar as duas espécies, como segue (tab. 4):

Tabela 4. Características separatrizes entre *G. paucispina* e *G. radiata*.

Espécie	Diâmetro da célula	Comprimento das setas
G. paucispina	12-14,2 µm	10-17 µm
G. radiata	5-8 µm	13-25 µm

O que nos levou a identificar o presente material com G. *paucispina* foi o tamanho da célula, que é um caráter mais estável do que comprimento das setas, que são muito hialinas e um tanto difíceis de ser observadas.

G. *radiata* Chodat (Fig. 135)

Journal of Botany 8: 305, pl. 3, fig. 1-24. 1894.

Células isoladas, esféricas, 5-8 µm diâm., parede celular ornada com setas longas, delicadas, hialinas, 13-25 µm compr., cloroplastídio 1, poculiforme, parietal, pirenoide 1.

Distribuição Geográfica

Em literatura: **Estado de São Paulo** (Leite 1974, Sant'Anna 1984).

Material examinado: **Município de Atibaia** (SP104430). **Município de Santo André** (SP130446). **Município de São Bernardo do Campo** (SP131569). **Município de São Paulo** (SP130441). **Município de Tupã** (SP130789).

Comentários

Como já foi mencionado, G. *radiata* Chodat e G. *paucispina* West & West são espécies morfologicamente bastante próximas e foram diferenciadas, no caso dos atuais materiais do Estado de São Paulo, só pelo diâmetro celular, desde que as medidas do comprimento das setas nem sempre constituíram um bom caráter diagnóstico.

3.6.2 *Golenkiniopsis* Koršikov 1953

Os espécimes de *Golenkiniopsis* são extremamente parecidos com os de *Golenkinia*, e uma observação pouco cuidadosa ao microscópio dificilmente os distingue. *Golenkiniopsis* são indivíduos unicelulares de vida livre e hábito isolado, cuja célula é esférica e revestida por um grande número de setas longas e delicadas que afilam gradualmente para a extremidade livre. Em alguns casos raros, os indivíduos resultantes de uma divisão celular mantêm-se juntos, enredados pelas setas, dando a impressão de constituírem uma colônia. São, obviamente, falsas colônias. Não existe mucilagem envolvendo a base das setas. O cloroplastídio é único por célula, poculiforme, e possui um pirenoide anelar situado próximo à margem da célula. Esta é, de fato, a única diferença real entre *Golenkiniopsis* e *Golenkinia*, pois o último possui pirenoide reniforme. Tal diferença não é tão fácil de ser observada ao microscópio, pois exige uma observação cuidadosa e, muitas vezes, evidenciação com solução de lugol acético ou de iodeto de potássio iodado.

Duas espécies foram documentadas para o Estado de São Paulo:

1. Setas 6-9, 38-47,8 µm compr. .... *G. longispina*
1. Setas numerosas, 16,9-28 µm compr. .... *G. solitaria*

G. *LONGISPINA* (KORŠIKOV) KORŠIKOV (FIG. 136)

Viznachnik prisnovodnihk vodorostey Ukrainsykoi RSR [Vyp] 5: 265, fig. 219. 1953.

Basiônimo: *Golenkinia longispina* Koršikov, Proceedings of the Kharkov A. Gorky State University 10: 129. 1937.

Células esféricas, solitárias, raro enredadas pelas setas, simulando colônias, envoltório mucilaginoso ausente, células esféricas, 7-9,5(-12,3) µm diâm., 6-9 setas delicadas, longas, afilando gradualmente para o ápice, distribuídas irregularmente na superfície da célula, 38-47,8 µm compr., cloroplastídio 1, poculiforme, parietal, pirenoide 1, anelar.

DISTRIBUIÇÃO GEOGRÁFICA

EM LITERATURA: **Estado de São Paulo** (Rodrigues *et al.* 2010, Tucci *et al.* 2019).

MATERIAL EXAMINADO: **Município de São Paulo** (SP365423).

COMENTÁRIOS

Golenkiniopsis longispina (Koršikov) Koršikov e G. *solitaria* (Koršikov) Koršikov diferem pelo maior diâmetro celular e maior comprimento das setas de G. *longispina*.

G. *SOLITARIA* (KORŠIKOV) KORŠIKOV (FIG. 137)

Viznachnik prisnovodnihk vodorostey Ukrainsykoi RSR [Vyp] 5: 249. 1953.

Basiônimo: *Golenkinia solitaria* Koršikov, Proceedings of the Kharkov A. Gorky State University 10: 135. 1937.

Células isoladas, esféricas, 7,1-11 µm diâm., setas numerosas, delicadas, longas, extremidades ligeiramente arqueadas, dispostas regularmente na parede celular, 16,9-28 µm compr., cloroplastídio 1, poculiforme, pirenoide 1, anelar.

Distribuição Geográfica

Em literatura: **Estado de São Paulo** (Fonseca 2005, Tucci *et al.* 2006).

Material examinado: **Município de São Paulo** (SP365423, SP427738).

Comentários

As duas espécies que ocorrem no Estado de São Paulo, G. *longispina* (Koršikov) Koršikov e G. *solitaria* (Koršikov) Koršikov, diferem pelo diâmetro celular, que é maior em G. *longispina* do que em G. *solitaria*. Ainda, pelo comprimento das setas, que também é maior em G. *longispina*.

3.6.3 *MICRACTINIUM* FRESENIUS 1858

Micractinium é um gênero de hábito colonial em que as células variam de forma desde esférica a elíptica e reúnem-se para compor colônias de aspecto triangular a piramidal. Estas colônias podem permanecer juntas formando colônias compostas por 128 e até 256 células. Cada célula possui perifericamente um a vários espinhos longos, delicados, que afilam gradualmente da base para o ápice. O cloroplastídio é único por célula, tem a forma de copo (poculiforme) e um pirenoide basal.

Quando desprovidas de setas, as células de *Micractinium* não mostram qualquer diferença morfológica daquelas de *Chlorella* e, tampouco, diferenças estruturais. Estes dois gêneros só podem ser separados por sequências genéticas (Proschold *et al.* 2010).

Três espécies de *Micractinium* são conhecidas para o Estado de São Paulo, as quais podem ser identificadas como segue:

1. Células com espinhos cônicos expandidos na base .... M. *crassisetum*
1. Células com espinhos finos não expandidos na base.
   2. Colônias piramidais, setas 40-65 µm compr. . ... M. *bornhemiense*
   2. Colônias globosas ou quadráticas, setas 12-36 µm compr. .... M. *pusillum*

M. *BORNHEMIENSE* (CONRAD) KORŠIKOV (FIG. 139)

Viznachnik prisnovodnihk vodorostey Ukrainsykoi RSR [Vyp] 5: 401, fig. 405. 1953.

Basiônimo: *Errerella bornhemiensis* Conrad, Bulletin de la Société Royale de Botanique de Belgique 52: 242, fig. 1-3. 1913.

Colônias piramidais compostas por 16, 32 ou 64 células, células esféricas, 5-5,5 µm diâm., periferia da célula com 1-2 setas longas, hialinas, 40-65 µm compr., cloroplastídio 1, poculiforme, parietal, pirenoide 1.

Distribuição Geográfica

Em literatura: **Estado de São Paulo** (Sant'Anna *et al.* 1989, Tucci *et al.* 2006, Tucci *et al.* 2014).

Material examinado: **Município de São Bernardo do Campo** (SP131569). **Município de São Paulo** (SP365418, SP365419, SP365420, SP365425, SP427738).

Comentários

Micractinium bornhemiense (Conrad) Koršikov lembra bastante a outra espécie do gênero coletada no Estado de São Paulo, M. *pusillum* Fresenius. As diferenças entre as duas estão na disposição sempre piramidal das células nas colônias de M. *borhemiense* e o maior comprimento das setas.

Autores como Prescott (1962) e Uherkovich (1975, 1976) utilizaram o nome *Errerella bornhemiensis* Conrad. Bourrelly (1972) diferiu o gênero *Errerella* de *Micractinium* usando as duas características seguintes do primeiro: (*1*) posse de células com uma só seta e (*2*) ausência de pirenoide. O último autor comentou que alguns ficólogos não consideram o gênero *Errerella*, colocando-o na sinonímia de *Micractinium*, ao mesmo tempo que levantaram a possibilidade de este fato ser verdadeiro desde que se confirme a presença de pirenoide nos espécimes de *Errerella*.

A presença de pirenoide e de células com 1-2 setas no material do Estado de São Paulo nos autorizou seguir o esquema em Philipose (1967) e Hortobágyi (1973), que consideraram *E. bornhemiensis* sinônimo (basiônimo) de *M. bornhemiense*.

M. crassisetum Hortobágyi (Fig. 140)

Acta Botanica Academiae Scientiarum Hungaricae 18: 123, 129, fig. 13. 1973.

Colônias compostas por 4 ou 8 células, células esféricas, 6,5 7 µm diâm., margem livre da célula com 2 3 setas retas, mais espessas na base, 30 40 µm compr., 1,5 1,8 µm larg. na base, cloroplastídio poculiforme, parietal, pirenoide 1.

Em literatura: **Estado de São Paulo** (Sant'Anna *et al.* 1989, Tucci *et al.* 2014).

Material examinado: nenhum.

Apesar da análise de um número elevado de amostras provenientes especialmente do Lago das Garças, a espécie não foi reencontrada. Sant'Anna *et al.* (1989) apresentaram ilustraçao e medidas dos exemplares que identificaram, porém não informaram os números de acesso no herbário dos materiais examinados, tornando impossível seu reestudo.

M. PUSILLUM FRESENIUS (FIG. 141)

Abhandlungen herausgegeben von der Senckenbergischen Naturforschenden Gesellschaft 2: 236, pl. 11, fig. 46-69. 1858.

Colônias piramidais compostas por 16, 32 ou 64 células, células esféricas, 4,5-7,2 µm diâm., margem livre da célula com 1-2 setas longas, hialinas, 40-65 µm compr., cloroplastídio 1, poculiforme, parietal, pirenoide 1.

DISTRIBUIÇÃO GEOGRÁFICA

EM LITERATURA: **Estado do Amazonas** (Uherkovich & Schmidt 1974), **Estado do Pará** (Kammerer 1938), **Estado do Rio Grande do Sul** (Huszar 1977, 1979), **Estado de São Paulo** (Díaz 1968a, Leite 1974, Sant'Anna 1984, Tucci *et al.* 2014).

MATERIAL EXAMINADO: **Município de Barra Bonita** (SP130785). **Município de Santo André** (SP130439, SP130446, SP130448). **Município de São Bernardo do Campo** (SP130429, SP131569). **Município de São Paulo** (SP365418, SP365419, SP365420, SP365425, SP427738).

COMENTÁRIOS

Micractinium pusillum Fresenius e M. *bornhemiense* (Conrad) Koršikov são espécies bem semelhantes do ponto de vista morfológico e podem, segundo Philipose (1967), ser diferenciadas pelo fato de a última espécie apresentar maior número de células na colônia, setas comparativamente mais longas e arranjo sempre piramidal das células nas colônias. Philipose (1967) mencionou, contudo, que o número de setas por célula não deve ser levado em consideração, pois é um caráter que pode variar bastante.

Os resultados do estudo de material do Estado de São Paulo confirmaram, de modo geral, a informação apresentada por Philipose (1967) para espécimes da Índia.

A tabela 5 a seguir compara as duas espécies a partir de material do Estado de São Paulo.

Deduz-se da tabela acima que a característica realmente diagnóstica dessas duas espécies é o arranjo sempre piramidal das células nas colônias de M. *bornhemiense*. O comprimento das setas também pode auxiliar, mas não deve ser considerado diagnóstico por si só, principalmente se considerarmos que se trata de uma característica variável e, muitas vezes, difícil de ser medida por serem muito hialinas e delicadas, portanto de visualização problemática.

Tabela 5. Comparação das características diferenciais entre M. *pusillum* e M. *bornhemiense* baseadas no material do Estado de São Paulo.

Espécie	Diâmetro da célula	Nº de setas por célula	Comprimento da seta	Arranjo das células	Nº de células por colônia
M. *pusillum*	4,5-7,2 µm	3-5	12-36 µm	globoso ou quadrático	4, 8 ou 16
M. *bornhemiense*	5-5,5 µm	1-2	40-65 µm	piramidal	16, 32 ou 64

3.6.4 *PHYTELIOS* FRENZEL 1891

Indivíduos unicelulares e de hábito isolado. Só muito esporadicamente os indivíduos-filhos se mantêm juntos pelos espinhos, que embaraçam uns nos outros formando falsas colônias. A célula é esférica e revestida uniformemente por um grande número de setas longas e bastante delicadas, cujo diâmetro é constante da base ao ápice. Não existe mucilagem periférica. Há somente um cloroplastídio em cada indivíduo, do tipo poculiforme e destituído de pirenoide.

A única diferença entre *Phytelios* e *Golenkinia* é a ausência de pirenoide no primeiro gênero.

Apenas uma espécie identificada do estudo do material do Estado de São Paulo:

P. VIRIDIS FRENZEL VAR. *VIRIDIS* (FIG. 138)

Archiv für Mikroskopische Anatomie und Entwicklungsgeschichte 38: 14. 1891.

Células isoladas, esféricas, 10-14 µm diâm., parede celular revestida com setas curtas, uniformemente distribuídas, 5-7 µm compr., cloroplastídio 1, poculiforme, pirenoide ausente.

DISTRIBUIÇÃO GEOGRÁFICA

EM LITERATURA: nada consta.

MATERIAL EXAMINADO: **Município de Arujá** (SP130815).

COMENTÁRIOS

O gênero *Phytelios* inclui só duas espécies de ocorrência rara e, por isso, pouco citadas na literatura mundial, o que confirma os resultados que obtivemos para a região estudada, onde *Phytelios viridis* Frenzel foi coletado uma única vez.

Segundo Bourrelly (1972), a posição sistemática desse gênero ainda é duvidosa, e a ausência de pirenoide é a única característica que o difere de *Golenkinia* e *Golenkiniopsis*. Por outro lado, Hortobágyi (1962) descreveu e ilustrou *P. viridis* com um pirenoide bem nítido.

Printz (1927) incluiu *P. viridis* no gênero *Golenkinia* efetuando a combinação *Golenkinia viridis* (Frenzel) Printz e a descreveu sem pirenoide. Philipose (1967) seguiu este esquema, mas colocando *G. viridis* em uma lista de materiais que não ocorreram na Índia.

Como obtivemos uma população bastante representativa para estudo, embora proveniente de uma só unidade amostral coletada no Município de Arujá, pudemos constatar que a ausência de pirenoide foi um caráter extremamente constante em todos os indivíduos examinados. Por isso, preferimos não considerar a colocação de *P. viridis* em *Golenkinia*, que possui pirenoide, pelo menos até que se faça uma avaliação mais profunda deste caráter como diagnóstico. Por outro lado, os referidos espécimes examinados também não se encaixaram plenamente nas descrições de *P. viridis* e *Phytelios loricata* Penard. Segundo Brunnthaler (1915), *P. viridis* tem células com ca. 10 µm de diâmetro e setas com ca. 25 µm de comprimento, e *P. loricata* células com 20-40 µm de diâmetro e setas com 60-70 µm de comprimento. O atual material de Arujá apresentou células com 10-14 µm de diâmetro e setas com 5-7 µm de comprimento, isto é, bem menores do que as medidas divulgadas na literatura.

Bicudo & Ventrice (1968) descreveram uma variedade de *P. viridis*, que nomearam *P. viridis* var. *brasiliense* C. Bicudo & Ventrice. Esta variedade apresenta setas com comprimento próximo (10-12 µm) daquele do presente material de Arujá, porém células bastante maiores, medindo 30-34 µm de diâmetro.

Decidimos, por fim, identificar o presente material do Estado de São Paulo com *P. viridis* var. *viridis* por conta do diâmetro das células. Os fatos acima vêm, contudo, demonstrar a necessidade de uma reavaliação criteriosa dos caracteres taxonômicos utilizados na sistemática do gênero.

3.7 Família Dictyosphaeriaceae

Indivíduos sempre organizados em colônias em que as células não obedecem a um arranjo definido. As células podem ser esféricas, elípticas, ovoides, reniformes ou cordiformes e são reunidas em grupos de quatro por restos de mucilagem derivados da parede da célula-mãe. Ainda, as células podem ocorrer envolvidas por um envelope mucilaginoso colonial. A parede celular é destituída de ornamentação. Ocorrem um ou dois cloroplastídios de situação parietal na célula, que podem ser laminares ou poculiformes, porém mais comumente estrelados. Pirenoide pode estar presente. A reprodução se faz por autósporos ou, mais raro, por zoósporos. Em alguns gêneros foi observada reprodução sexuada.

Três gêneros de Dictyosphaeriaceae são conhecidos no Estado de São Paulo, os quais podem ser identificados como segue:

1. Colônias formadas por células de dois tipos (2 oblongas e 2 reniformes ou cordiformes) ....*Dimorphococcus*
1. Colônias formadas por células de um só tipo (esféricas, elípticas, obovoides, reniformes ou cordiformes).
   2. Células densa ou frouxamente distribuídas na periferia de mucilagem abundante, células com pirenoide .... *Dictyosphaerium*
   2. Células densa ou frouxamente distribuídas na periferia do envoltório colonialde mucilagem, células destituídas de pirenoide .... *Botryococcus*

3.7.1 *Botryococcus* Kützing 1849

Indivíduos coloniais. A colônia é constituída por numerosas células densamente distribuídas na periferia de um envoltório abundante de mucilagem, em geral impregnado por sais de ferro que lhe conferem uma tonalidade castanha mais ou menos intensa. As colônias podem permanecer juntas, unidas por cordões de mucilagem constituindo colônias compostas. As células são esféricas ou obovoides e distribuem-se na periferia da matriz mucilaginosa amorfa, de modo que sua maior parte permanece mergulhada na mucilagem, enquanto a outra voltada para a periferia fica exposta, isto é, fora do envoltório colonial. O cloroplastídio é único por célula, tem situação parietal, forma de copo ou lâmina lobada e possui uma estrutura nua semelhante a um pirenoide, mas que dificilmente tinge pelo iodeto de potássio iodado. Contudo, já foi relatada a presença de amido nos cloroplastídios de *Botryococcus*.

Quatro espécies foram identificadas para o Estado de São Paulo, as quais podem ser reconhecidas como segue:

1. Colônias compostas por subcolônias conectadas por filamentos de
mucilagem .... *B. terribilis*
1. Colônias compostas por subcolônias não conectadas por
filamentos de mucilagem.
  2. Células densamente agregadas, bainha de mucilagem envolvendo
  totalmente as células ....*B. braunii*
  2. Células densa ou frouxamente agregadas, bainha de mucilagem
  envolvendo apenas a parte da célula voltada para o interior da colônia.
    3. Células unidas por filamentos de mucilagem .... *B. protuberans* var. *minor*
    3. Células não unidas por filamentos de mucilagem .... *B. neglectus*

B. braunii Kützing (Fig. 143-144)

Species Algarum Rite Cognitae. 892. 1849.

Colônias esféricas ou quase compostas por numerosos grupos de quatro células unidos por filamentos de mucilagem, 56-150 μm diâm., mucilagem colonial em geral de coloração escura (acastanhada), envolvendo completamente as células, células ovoides, densamente agregadas, formando uma só camada em torno da cavidade central, 5-11,8 μm compr., 4-6,5 μm larg., cloroplastídio 1, poculiforme, pirenoide ausente.

Distribuição Geográfica

Em literatura: **Estado do Amazonas** (Thomasson 1971, Uherkovich & Schmidt 1974), **Estado de Mato Grosso** (Hoehne *et al.* 1951), **Estado de Mato Grosso do Sul** (Borge 1925), **Estado do Pará** (Grönblad 1945, Thomasson 1971, 1977), **Estado da Paraíba** (Drouet *et al.* 1938), **Estado do Rio de Janeiro** (Kolkwitz 1933, Bicudo & Bicudo 1969), **Estado do Rio Grande do Sul** (Kleerekoper 1944, Bicudo & Martau 1974), **Estado de São Paulo** (Leite 1974, Sant'Anna 1984).

Material examinado: **Município de Arujá** (SP130815). **Município de Avaré** (SP130956). **Município de Cananeia** (SP130813). **Município de Guaratinguetá** (SP96959, SP96964, SP96965). **Município de Moji das Cruzes** (SP113653, SP113661, SP113662). **Município de Pindamonhangaba** (SP104983). **Município de Porangaba** (SP139740, SP139741, SP139743). **Município de Registro** (SP113669, SP130443). **Município de Rio Claro** (SP123862, SP123867, SP123868). **Município de Santo André** (SP96922). **Município de São Paulo** (SP391352, SP391354, SP400156, SP400158, SP400163)

Comentários

As características utilizadas para separar espécies em *Botryococcus* são, conforme Komárek & Marvan (1992), as seguintes: (*1*) forma e tamanho das células, (*2*) número de células na colônia e (*3*) parte da célula envolta pela bainha de mucilagem. Entre essas características, as duas últimas são realmente separatrizes para *B. braunii* Kützing e *B. protuberans* West & West, por serem duas espécies morfologicamente muito próximas.

As colônias de *B. braunii* são bastante densas, com muitas células (mínimo 40) e abundante mucilagem envolvendo-as totalmente, enquanto as de *B. protuberans* têm menos células (no máximo 64), frouxamente agrupadas e mucilagem colonial reduzida à base das células.

Os filamentos de mucilagem que unem os grupos de células podem ser melhor observados com auxílio de solução aquosa a 4% de azul de metileno.

B. neglectus (West & West) Komárek & Marvan (Fig. 152)

Archiv für Protistenkunde 141: 92. 1992.

Basiônimo: *Ineffigiata neglecta* West & West, Journal of the Royal Microscopical Society 1897: 503. 1893.

Colônias bastante compactas, globosas ou irregulares, compostas por numerosas subcolônias, células obovoides, densamente distribuídas na periferia da colônia, polo afilado voltado para o interior da colônia, 4,5-5,5 µm compr., 2,5-3 µm larg., mucilagem colonial hialina, cloroplastídio 1, parietal, poculiforme, pirenoide ausente.

Distribuição Geográfica

Em literatura: **Estado de São Paulo** (Rodrigues *et al.* 2010).

Material examinado: **Município de São Paulo** (SP130441).

Comentários

Não é muito fácil identificar os exemplares representantes desta espécie, pois se confundem bastante com os de *B. protuberans* West & West var. *minor* G.M. Smith. A diferença entre esses dois materiais reside na forma com que os grupos de células se unem uns aos outros no interior da mucilagem colonial, ou seja, em *B. protuberans* var. *minor* essa conexão é feita por filamentos de mucilagem, que não existem em *B. neglectus*. Nesta espécie, os grupos de células apenas se tocam mutuamente.

B. PROTUBERANS West & West var. *MINOR* G.M. Smith (Fig. 142)

Transactions of the Wisconsin Academy of Arts & Letters 19: 652, pl. 14, fig. 6-7. 1918.

Colônias globosas constituídas por grupos de 4, 8, 16, 32 ou 64 células unidas por filamentos de mucilagem, 46-65 µm diâm., mucilagem colonial envolvendo apenas a parte das células voltada para o interior da colônia, estendendo-se em longos filamentos que unem os grupos de células uns aos outros, células ovoides, frouxamente agregadas, dispostas em uma só camada em torno da cavidade central, 6-10,2 µm compr., 4,8-9 µm larg., cloroplastídio 1, poculiforme, pirenoide ausente.

DISTRIBUIÇÃO GEOGRÁFICA

EM LITERATURA: **Estado de São Paulo** (Leite 1974, Sant'Anna 1984).

MATERIAL EXAMINADO: **Município de Apiaí** (SP113420). **Município de Juquiá** (SP113664). **Município de Salesópolis** (SP123873, SP123874, SP123875, SP123877). **Município de Santo André** (SP130439).

COMENTÁRIOS

As colônias de *Botryococcus protuberans* West & West var. *minor* G.M. Smith são facilmente identificadas pelo arranjo pouco agregado das células no interior da bainha mucilaginosa e os filamentos de mucilagem que interligam os grupos de células. São colônias de porte pequeno, com 4, 8, 16, 32 ou 64 células, cuja matriz de mucilagem envolve apenas o polo celular voltado para o interior da colônia.

Os representantes de *B. protuberans* var. *minor* diferem daqueles da variedade-tipo da espécie unicamente pelo menor tamanho das células.

B. TERRIBILIS Komárek & Marvan (Fig. 153)

Archiv für Protistenkunde 141: 92, fig. 23-24. 1992.

Colônias irregulares compostas por numerosos grupos de quatro células distribuídas em subcolônias conectadas por filamentos de mucilagem, projeções aproximadamente espiniformes irregulares, ramificadas ou não irradiando dos grupos de células, 52,6-150 µm compr., 48,6-121,5 µm larg., células obovoides, densamente aglomeradas, dispostas radialmente na colônia, 6-11,8 µm compr., 4-6,5 µm larg., cloroplastídio 1, poculiforme, pirenoide ausente.

Distribuição Geográfica

Em literatura: **Estado de São Paulo** (Rosini *et al.* 2012).

Material examinado: **Município de São Paulo** (SP391348, SP391349, SP391354, SP391358, SP400156, SP400159, SP400161, SP400163).

Comentários

Komárek & Marvan (1992) compararam *B. terribilis* Komárek & Marvan com *K. neglectus* (West & West) Komárek & Marvan graças à capacidade das duas espécies de formarem processos gelatinosos na superfície da colônia. A diferença está em que *B. neglectus* possui tais processos com forma glandular e *B. terribilis* os tem espiniformes, ramificados ou não. Os referidos autores mencionaram também existir diferença de tamanho das células e colônias, uma vez que *B. neglectus* possui células e colônias de tamanhos relativamente menores. Ambas as espécies habitam ambientes oligo a mesotróficos e levemente ácidos. Por fim, as duas espécies possuíam distribuição restrita à região temperada do Hemisfério Norte, sendo a presente, muito provavelmente, a primeira notícia de sua ocorrência no Hemisfério Sul, quase no limite entre as regiões tropical e temperada.

Rosini *et al.* (2012) comentaram que foi difícil visualizar as células das populações de *B. terribilis* que examinaram provenientes de pesqueiros do Município de São Paulo, devido ao excesso de compactação das mesmas, contudo foi-lhes possível vê-las bem nítidas.

3.7.2 *DICTYOSPHAERIUM* Nägeli 1849

Indivíduos coloniais de vida livre. As colônias são formadas por quatro grupos de quatro células cada e tanto os grupos quanto as células em cada grupo são interligados por restos gelatinizados da parede da célula-mãe, que irradiam de um centro comum formando uma estrutura aproximadamente cruciforme. As colônias são envoltas por uma matriz gelatinosa comum, uniforme, mais ou menos ampla, e podem juntar-se constituindo colônias múltiplas. As células são esféricas ou elípticas. Após liberação, os autósporos permanecem juntos unidos por filamentos de mucilagem remanescente da parede da célula-mãe. Existe um cloroplastídio por célula, parietal, poculiforme, com um pirenoide localizado aproximadamente no centro.

Quatro espécies foram identificadas do estudo do material do Estado de São Paulo, as quais podem ser reconhecidas conforme a chave a seguir:

1. Células esféricas .... *D. pulchellum*
1. Células ovoides a oblongas.
  2. Filamentos de mucilagem inseridos na porção mais longa
    da célula ....*D. ehrenbergianum*
  2. Filamentos de mucilagem inseridos na porção basal da célula.
    3. Células medindo 4,5-5,5 x 3,5-4 µm .... *D. sphagnale*
    3. Células medindo 5-9,7 x 6,4-8,1 µm .... *D. tetrachotomum*

D. ehrenbergianum Nägeli (Fig. 145)

Gattungen einzelliger Algen, physiologisch und systematisch bearbeitet. 72, pl. 2, fig. E_a-E_1. 1849.

Colônias esféricas, elípticas, ovoides ou de contorno irregular formadas por quatro células unidas entre si por filamentos ramificados de mucilagem inseridos na porção mais longa da célula, células ovoides a oblongas, 5-8,5 µm compr., 3-7,2 µm larg., cloroplastídio 1, poculiforme, pirenoide 1, central no plastídio.

Distribuição Geográfica

Em literatura: **Estado de São Paulo** (Sant'Anna 1984, Rosini *et al.* 2012).

Material examinado: **Município de São Paulo** (SP130441, SP391350, SP391357, SP391358, SP400153, SP400158, SP400159, SP400160, SP400163).

Comentários

As espécies de *Dictyosphaerium* são identificadas fundamentalmente pela forma, mas também pelo tamanho das células e pelo modo como os filamentos de mucilagem estão ligados às células (Sant'Anna 1984). Conforme essa autora, não se deve utilizar a forma dos autósporos, pois esta muda conforme os esporos se desenvolvem. Alguns autores também utilizaram a forma da colônia (Prescott 1962). Esta última característica não foi utilizada no caso dos exemplares do Estado de São Paulo porque variou bastante, a ponto de algumas colônias de *Dictyosphaerium ehrenbergianum* Nägeli apresentarem formas totalmente irregulares não identificada com as figuras geométricas mencionadas na literatura.

Os espécimes representantes de *D. ehrenbergianum* e *D. pulchellum* H.C. Wood identificadas do material coletado no Estado de São Paulo foram bastante semelhantes entre si; a única característica que as diferiu foi a forma da célula, que é ovoide em *D. ehrenbergianum* e esférica em *D. pulchellum*.

D. pulchellum H.C. Wood (Fig. 146)

Smithsonian Contributions to Knowledge 19(241): 84, pl. 10, fig. 4. 1874.

Colônias globosas constituídas por um a vários grupos de quatro células unidos por filamentos ramificados de mucilagem, células esféricas, 3,6-9 µm diâm., cloroplastídio 1, poculiforme, pirenoide 1.

Distribuição Geográfica

Em literatura: **Estado de São Paulo** (Díaz 1968a, Leite 1974, Tundisi & Hino 1981, Sant'Anna 1984, Rosini *et al.* 2012).

Material examinado: **Município de Arujá** (SP130815). **Município de Atibaia** (SP104430, SP130449). **Município de Cananeia** (SP130813). **Município de Conchal** (SP114542). **Município de Guaratinguetá** (SP96959). **Município de Jaú** (SP130424, SP130426). **Município de Juquiá** (SP113664). **Município de Porangaba** (SP139740). **Município de Salesópolis** (SP123873, SP123879). **Município de Santo André** (SP96909, SP130439, SP130440, SP130446). **Município de São Bernardo do Campo** (SP130442, SP131569). **Município de São Carlos** (SP104686, SP104689, SP104696, SP104723). **Município de São Paulo** (SP139845, SP391349, SP391350, SP391352, SP391357, SP391358, SP391359, SP400153, SP400154, SP400155, SP400157, SP400158, SP400159, SP400160, SP400161, SP400162, SP400163, SP400164). **Município de Sorocaba** (SP130425, SP139737). **Município de Tupã** (SP130789). **Município de Ubatuba** (SP130804).

Comentários

Dictyosphaerium pulchellum H.C. Wood e *D. ehrenbergianum* Nägeli são facilmente identificadas pelo arranjo das células na colônia, qual seja, em grupos de quatro interligados por filamentos ramificados de mucilagem. A diferença entre ambas reside, quase só, na forma das células, que é esférica na primeira espécie e geralmente ovoide na segunda.

A grande maioria dos espécimes ora examinados apresentou colônias com quatro ou oito grupos de quatro células. As colônias foram sempre muito densas e as que contêm apenas um grupo de quatro células foram pouco comuns. Quando as colônias são muito densas, torna-se difícil observar os filamentos de mucilagem que unem as células da tétrade e mesmo as tétrades entre si. Neste caso, usou-se solução aquosa de azul de metileno a 4% para visualizar os filamentos.

Conforme Komárek & Perman (1978), *D. pulchellum* é uma espécie ampla-mente espalhada nas zonas temperadas do globo, tendo como limite norte de distribuição as áreas subárticas da Groenlândia e da Lapônia. Conforme se entendia, a espécie seria menos frequente e de ocorrência esporádica na região tropical. Os presentes resultados oriundos da análise de material do Estado de São Paulo evidenciaram, contudo, que tal fato se deve, aparentemente, à falta de coletas mais intensas nos trópicos. *Dictyosphaerium pulchellum* deve ser uma espécie bem mais amplamente distribuída nas regiões tropicais do que indicam os dados atualmente disponíveis na literatura. Segundo os resultados do levantamento bibliográfico ora realizado, o limite sul da distribuição geográfica de *D. pulchellum* é a Terra do Fogo (Thomasson 1955).

D. SPHAGNALE HINDÁK (FIG. 149-150)

Biologicke Práce 26: 54, pl. 22, fig. 1-6. 1980.

Colônias globosas formadas por grupos de quatro células unidas entre si por filamentos de mucilagem inseridos na base das células, células elípticas, 4,5-5,5 µm compr., 3,5-4 µm larg., cloroplastídio 1, poculiforme, pirenoide 1.

DISTRIBUIÇÃO GEOGRÁFICA

EM LITERATURA: **Estado de São Paulo** (Rodrigues *et al.* 2010).

MATERIAL EXAMINADO: **Município de São Paulo** (SP139845).

COMENTÁRIOS

Dictyosphaerium sphagnale Hindák e *D. tetrachotomum* Printz são espécies morfologicamente bastante próximas. Há diferenças sutis na forma das células, pois a primeira espécie possui células globosas e a segunda, ovoides a oblongo-alongadas. Mas tal diferença tem de ser observada após a análise de populações, uma vez que ocorrem formas intermediárias que tornam complicado definir se representativa de uma ou outra espécie. Há também diferença de medidas entre as células dessas duas espécies, uma vez que as de *D. sphagnale* medem 4,5-5,5 x 3,5-4 µm e as de *D. tetrachotomum* 5-9,7 x 6,4-8,1 µm. Ressalte-se, entretanto, que há recobrimento, embora pequeno, dessas duas faixas de medidas. De novo, é fundamental enfatizar a obrigação da análise de populações para se ter uma ideia melhor definida sobre qual espécie estamos tratando.

D. *TETRACHOTOMUM* PRINTZ (FIG. 151)

Skrifter Utgit av Videnskapsselskapet i Kristiania, Matematisk-Naturvidenskabelig Klasse 1913(6): 24, pl. 1, fig. 5-6. 1914.

Colônias globosas a elípticas ou de contorno irregular formadas por grupos de quatro células unidas entre si por filamentos de mucilagem inseridos na base das células, células ovoides a oblongo-alongadas, 5-9,7 µm compr., 6,4-8,1 µm diâm., cloroplastídio 1, poculiforme, pirenoide 1.

DISTRIBUIÇÃO GEOGRÁFICA

EM LITERATURA: **Estado de São Paulo** (Sant'Anna 1984, Rosini *et al.* 2012).

MATERIAL EXAMINADO: **Município de São Paulo** (SP391350, SP391357, SP391358, SP400153, SP400158, SP400159, SP400160, SP400163).

COMENTÁRIOS

Conforme já mencionado, não se deve utilizar a forma dos autósporos para identificar espécies de *Dictyosphaerium*, pois esta muda à medida que se desenvolvem (Sant'Anna 1984). Autósporos não foram, contudo, observados em todas as populações de *D. tetrachotomum* atualmente examinadas.

3.7.3 *DIMORPHOCOCCUS* A. BRAUN 1855

Indivíduos sempre coloniais de vida livre. As colônias são planas, formadas por grupos de quatro células reunidos por restos gelatinizados da parede da célula-mãe e, às vezes, envoltos por mucilagem comum homogênea. Cada grupo de quatro tem duas células de uma forma (elipsoide) e duas de outra (reniforme ou cordiforme). As células têm só um cloroplastídio parietal que pode preencher em maior ou menor extensão toda a periferia do interior da célula. O único pirenoide presente em cada célula pode ser facilmente identificado nas células jovens, mas não nas adultas, onde aparece mascarado pela existência de muitos grãos de amido.

Dimorphococcus lunatus A. Braun é a única espécie já identificada para o Estado de São Paulo:

D. *LUNATUS* A. BRAUN (FIG. 147-148)

Algarum unicellularium genera nova et minus cognita. 44. 1855.

Colônias globosas formadas por um a vários grupos de quatro células interligados por fios ramificados de mucilagem, células dispostas alternadamente, as duas internas são oblongas e as duas externas reniformes ou cordiformes, 10-14 µm compr., 4-10 µm larg., cloroplastídio 1, parietal, pirenoide 1, central.

Distribuição Geográfica

Em literatura: **Estado do Amazonas** (Uherkovich & Schmidt 1974, Uherkovich 1976), **Estado de Mato Grosso do Sul** (Bohlin 1897), **Estado de Minas Gerais** (Bicudo & Ventrice 1968), **Estado do Pará** (Kammerer 1938, Grönblad 1945, Thomasson 1971, 1977), **Estado do Rio Grande do Sul** (Bohlin 1897, Huszar 1977), **Estado de São Paulo** (Borge 1918, Leite 1974, Hino 1979, Tundisi & Hino 1981, Sant'Anna 1984).

Material examinado: **Município de Bauru** (SP130790). **Município de Cananeia** (SP130813). **Município de Guaratinguetá** (SP96956, SP96957, SP96959, SP96960, SP96961, SP96964, SP96965). **Município de Itu** (SP139733, SP139735). **Município de Jaú** (SP113489, SP130424, SP130426). **Município de Moji das Cruzes** (SP113658, SP113661). **Município de Porangaba** (SP139740, SP139741). **Município de Rio Claro** (SP123861, SP123868). **Município de São Bernardo do Campo** (SP130442). **Município de São Carlos** (SP104696, SP104699, SP104723). **Município de São Paulo** (SP130453). **Município de Sorocaba** (SP139736). **Município de Tambaú** (SP113574).

Comentários

Dimorphococcus lunatus A. Braun é uma espécie única e facilmente identificável pelo arranjo de suas células em grupos de quatro, das quais as duas internas são oblongas e as duas externas, reniformes ou cordiformes. Os filamentos de mucilagem são ramificados e podem interligar vários desses grupos de quatro células entre si.

4

LITERATURA CITADA

AGUJARO, L.F. 1990. Ficoflórula epífita em *Spirodela oligorrhiza* (Lemnaceae) de um tanque artificial no Município de São Paulo, Estado de São Paulo, Brasil. Dissertação de Mestrado, Universidade Estadual Paulista, Rio Claro. 309 p.

AHMADJIAN, V. 1960. Some new and interesting species of *Trebouxia*, a genus of lichenized algae. American Journal of Botany 47: 677-683.

ALGARTE, V.M., MORESCO, C. & RODRIGUES, L. 2006. Algas do perifiton de distintos ambientes na planície de inundação do alto rio Paraná. Acta Scientiarum, Biological Sciences 28: 243-251.

ALMEIDA, F., LACAZ, C.S. & FORATINI, O. 1946. Considerações sobre três casos de micoses humanas, de cujas lesões foram isoladas ao lado de cogumelos responsáveis algas provavelmente do gênero *Chlorella*. Anais da Faculdade de Medicina da Universidade de São Paulo 22: 295-299.

ALVES, F.R.R., GAMA JR., W.A. & NOGUEIRA, I.S. 2014. Planktonic Radiococcaceae Fott *ex* Komárek of the Tigres Lake system, Britânia, Goiás State, Brazil. Brazilian Journal of Botany 37: 519-530.

ANDRADE, R.M. 1953. Observações hidrobiológicas sobre o *Anopheles tarsimaculatus*, 1: relações com alguns organismos planctônicos. Revista Brasileira de Malariologia e Doenças Tropicais 5(1): 95-107.

ANDRADE, R.M. 1956. Observações hidrobiológicas sobre o *Anopheles tarsimaculatus*, 3: distribuição, frequência de ocorrência e desnsidade relativa de organismos planctônicos em alguns de seus biótopos. Revista Brasileira de Malariologia e Doenças Tropicais 8(3): 443-490.

ANDRADE, R.M. & RACHOU, R.G. 1954. Levantamento preliminar de organismos planctônicos em alguns criadouros do *Anopheles darlingi* no Sul do Brasil. Revista Brasileira de Malariologia e Doenças Tropicais 6(4): 481-496.

ARCE, G. & BOLD, H.C. 1958. Some Chlorocophyceae from Cuban soil. American Journal of Botany 45: 492-503.

ARCHIBALD, P.A. 1975. *Trebouxia* de Puymaly (Chlorophyceae, Chlocococcales) and *Pseudotrebouxia* gen. nov. (Chlorophyceae, Chlorosarcinales). Phycologia 14(3): 125-137.

ARCHIBALD, P.A. & BOLD, H.C. 1970. Phycological studies, 11: the genus Chlorococcum Meneghini. University of Texas Publications 7015: 1-115.

AZEVEDO, P., KAWAY, H. & VAZ, J.O. 1967. Estudo de limnologia e poluição da Represa do Rio das Pedras para posterior avaliação de sua produção piscícola. Revista DAE 27(66): 48-76.

BARCELOS, E.M. 2003. Avaliação do perifíton como sensor da oligotrofização experimental em reservatório eutrófico (Lago das Gaças, São Paulo. Dissertação de Mestrado, Universidade Estadual Paulista, Rio Claro. 118 p.

BAZZA, E.L. 1998. Flutuações na estrutura da comunidade fitoplanctônica durante o período de enchimento do reservatório de Corumbá (GO). Monografia de Bacharelado, Universidade Estadual de Maringá, Maringá.

BEYRUTH, Z., TUCCI-MOURA, A., FERRAGUT, C. & MENEZES, L.C.B. 1998a. Caracterização e variação do fitoplâncton de tanques de aqüicultura. Acta Limnologica Brasiliensia 10: 21-36.

BICUDO, C.E.M. 2012. Criptógamos do Parque Estadual das Fontes do Ipiranga, São Paulo, SP, Brasil. Algas, 33: Chlorophyceae (famílias Palmellaceae, Hormotilaceae e Dictyosphaeriaceae). Hoehnea 39(4): 565-575.

BICUDO, C.E.M. & BICUDO, R.M.T. 1967. Floating communities of algae in an artificial pond in the Parque do Etado, São Paulo, Brazil. Journal of Phycology 3: 233-234.

BICUDO, C.E.M. & BICUDO, R.M.T. 1969. Algas da Lagoa das Prateleiras, Parque Nacional do Itatiaia, Brasil. Rickia 4: 1-40 (1970).

BICUDO, C.E.M. & BICUDO, R.M.T. 1970. Algas de águas continentais brasileiras: chave ilustrada para identificação de gêneros. Fundação Brasileira para o Desenvolvimento do Ensino de Ciências, São Paulo. 228 p.

BICUDO, C.E.M. & MARTAU, L. 1974. Catálogo das algas de águas continentais do Estado do Rio Grande do Sul, Brasil, 2: Charophyceae, Chlorophyceae, Chrysophyceae, Cyanophyceae, Rhodophyceae e Xanthophyceae. Iheringia, série Botânica 19: 31-40.

BICUDO, C.E.M. & MENEZES, M. 2017. Gêneros de algas de águas continentais do Brasil: chave para identificação e descrições. RiMa Editora, São Carlos, 552 p. (3ª edição).

BICUDO, C.E.M., RAMÍREZ R., J.J., TUCCI, A. & BICUDO, D.C. 1999. Dinâmica de populações fitoplanctônicas em ambiente eutrofizado: o Lago das Garças, São Paulo. In: HENRY, R. (Ed.), Ecologia de reservatórios: estrutura, função e aspectos sociais. FUNDIBIO/FAPESP, Botucatu. p. 449-508.

BICUDO, C.E.M. & VENTRICE, M.R. 1968. Algas do brejo da Lapa, Parque Nacional do Itatiaia, Brasil. Anais XIX Congresso Nacional de Botânica, Fortaleza, p. 3-30.

BICUDO, D.C. 1984. Algas epífitas (exceto diatomáceas) do Lago das Ninféias, São Paulo: levantamento e aspectos ecológicos. Tese de Doutorado. Universidade Estadual Paulista, Rio Claro. 479 p.

BICUDO, D.C. 1996. Algas epífitas do Lago das Ninféias, São Paulo, Brasil, 4: Chlorophyceae, Oedogoniophyceae e Zygnemaphyceae. Brazilian Journal of Biology 56: 345-374.

BIESEMEYER, K.F. 2005. Variação nictemeral da estrutura da comunidade fitoplanctônica em função da temperatura da água nas épocas de seca e chuva em reservatório urbano raso mesotrófico (Lago das Ninfeias), Parque Estadual das Fontes do Ipiranga, São Paulo. Dissertação de Mestrado, Instituto de Botânica, São Paulo. 153 p.

BISCHOFF, H.W. & BOLD, H.C. 1963. Some soil algae from Enchanted Rock and related algal species. Phycological Studies 4: 1-95.

BITTENCOURT-OLIVEIRA, M.C. 1990. Ficoflórula do reservatório de Balbina, Estado do Amazonas. Dissertação de Mestrado. Universiidade Estadual Paulista, Rio Claro. 280 p.

BOHLIN, K. 1897. Die Algen der Ersten Regnell'schen Expedition, 1: Protococcoideen. Bihang till Kongl. Svenska vetenskaps-akademiens handlingar: sér. 3, 23: 1-47.

BOLD, H.C. 1930. Life history and cell structure of *Chlorococcum infusionum*. Bulletin of the Torrey Botanical Club 57: 577-604.

BOOTON, G.C., FLOYD, G.L. & FUERST, P.A. 1998a. Polyphily of tetrasporalean green algae inferred from nuclear small-subunit ribosomal DNA. Journal of Phycology 34: 306-311.

BOOTON, G.C., FLOYD, G.L. & FUERST, P.A. 1998b. Origin and affinities of the filamentous green algal orders Chaetophorales and Oedogoniales based on 18S rDNA gene sequences. Journal of Phycology 34: 312-318.

BORGE, O. 1918. Die von Dr. A. Löfgren in São Paulo gessammelten Süsswasseralgen. Arkiv für Botanik 15: 1-108.

BORGE, O. 1925. Die von F.C. Hoehne Wahrend der Expedition Roosevelt-Rondon gessammelten Süsswasseralgen. Arkiv für Botanik 19: 1-56.

BOURRELLY, P.C. 1972. Les algues d'eau douce: initiation à la systematique: les algues vertes. Éditions N. Boubée, Paris. Vol. 1, 572 p.

BRANCO, S.M. 1959. Alguns aspectos da hidrobiologia importantes para a Engenharia Sanitária. Revista D.A.E. 33-34: 1-24.

BRANCO, S.M. 1961a. Biologia dos rios Biritiba, Jundiaí e Taiassupeba: previsão e sugestões sobre futuros problemas hidrobiológicos decorrentes do represamento. Revista DAE 39: 1-4.

BRANCO, S.M. 1961b. Biologia das represas do Alto Cotia, 1: influência da cor das águas na população algológica das represas de Pedro Beicht e Cachoeira da Graça. Revista DAE 22(41): 51-55.

BRANCO, S.M. 1961c. Biologia das represas do Alto Cotia, 2: influência dos fatores químicos das águas nas alterações qualitativas da flora algológica. Revista DAE 22(42): 45-46.

BRANCO, S.M. 1962. Controle preventivo e corretivo de algas em águas de abastecimento. Revista D.A.E. 45: 61-75.

BRANCO, S.M. 1964. Henri Charles Potel e a biologia das águas de São Paulo. Revista DAE 25: 26-28.

BRANCO, S.M. 1966. Estudo das condições sanitárias da reprêsa Billings. Arquivos da Faculdade de Higiene e Saúde Pública da Universidade de São Paulo 20(1): 57-86.

BRANCO, S.M., BRANCO, W.C., LIMA, H.A.S. & MARTINS, M.T. 1963. Identificação e importância dos principais gêneros de algas de interêsse para o tratamento de águas e esgotos. Revista DAE 24(48): 39-76; 24(49): 77-84; 24(50): 87-98.

BRANCO, W.C. & BRANCO, S.M. 1971. Ensaios biológicos para avaliação do potencial poluidor de resíduos de indústrias de chapas de fibra vegetal. Revista DAE 31(79): 130-137.

BRAUN, A. 1855. Algarum unicellularium genera nova et minus cognita, praemissis observationibus de algis unicellularibus in genere. W. Engelmann, Lipsiae. 111 p.

BRUNNTHALER, J. 1915. Chlorophyceae. In: Pascher, A. (ed.) Die Süsswasser-Flora Deutschlands, Österreich und der Schweiz. Gustav Fischer, Jena. Vol. 5(14-17): 53-305.

BUCHHEIM, M.A., MICHALOPULOD, E.A. & BUCHHEIM, J.A. 2001. Phylogeny of the Chlorophyceae with special reference to the Sphaeropleales: a study of 18S and 26S rDNA data. Journal of Phycology 37: 819-835.

CALIJURI, M.C. 1999. A comunidade fitoplanctônica em um reservatório tropical (Barra Bonita, SP). Tese de Livre Docência. Universidade de São Paulo, São Carlos. 211 p.

CANTER, H.M. & LUND, J.W.G. 1968. The importance of Protozoa in controlling the abundance of planktonic algae in lakes. Proceedings of the Linnean Society of London 179: 203-219.

CARDOSO, M.B. 1979. Ficoflórula da lagoa de estabilização de São José dos Campos, Estado de São Paulo, Brasil, exclusive Bacillariophyceae. Dissertação de Mestrado. Universidade de São Paulo, São Paulo. 230 p.

CHAMIXAES, C.B.C.B. 1990. Ficoflórula do Açude de Apipucos (Recife, PE). Revista Brasileira de Biologia 50: 45-60.

CHAVES, C.M. 1978. Caracterização ecológica da autodepuração de lagos do Parque Zoológico de São Paulo. Dissertação de Mestrado. Faculdade de Saúde Pública, São Paulo. 61 p.

CHODAT, R. 1897. Algues pélagiques nouvelles. Bulletin de l'Herbier Boissier 5: 19-20.

CHODAT, R. 1902. Algues vertes de la Suisse: Pleurococcoides-Chroolépoides. Beiträge zur Kryptogamenflora Schweiz 1(3): 1-373.

CHOLNOKY, B.J. 1954. Ein Beitrag zur Kenntnis der Algenflora des Mogolflusses in Nordost-Transvaal. Österreichische botanische Zeitschrift 101: 118-139.

COMAS G., A. 1966. Las Chlorococcales dulciacuícolas de Cuba. Bibliotheca Phycologica 99: 1-192.

COMAS G., A. 1980. Nuevas y interesantes Chlorococcales (Chlorophyceae) de Cuba. Acta Botánica Cubana 2: 1-18.

COMAS G., A. 1986. Chlorococcales de Cuba. J. Cramer, Stuttgart. 129 p.

CROSSETTI, L.O. 2002. Efeitos do empobrecimento experimental de nutrientes sobre a comunidade fitoplanctônica em reservatório eutrófico raso, Lago das Garças, São Paulo. Dissertação de Mestrado. Universidade de São Paulo, Ribeirão Preto. 119 p.

D'ALESSANDRO, E.B. & NOGUEIRA, I.S. 2017. Algas planctônicas flageladas e cocoides verdes de um lago no Parque Beija-Flor, Goiânia, GO, Brasil. Hoehnea 44(3): 415-430.

DELLAMANO-OLIVEIRA, M.J., COLOMBO-CORBI, V. & VIEIRA, A.A.H. 2007. Carboidratos dissolvidos do Reservatório de Barra Bonita (Estado de São Paulo, Brasil) e sua relação com as algas fitoplanctônicas abundantes. Biota Neotropica 7: 59-66.

DERÍSIO, J.C. & MONTEBELLO, L. 1972. Relatório do levantamento das condições sanitárias da Represa Billings, São Paulo. CETESB, São Paulo. 174 p. (original datilografado).

DE TONI, G.B. 1889. Sylloge algarum omnium hucusque cognitarum, 1: Chlorophyceae. Impresso às expensas do autor, Patavii. 1315 p.

DÍAZ, E.N.L. 1968a. Notas algológicas: sobre algunas Chlorophyceae interessantes de la Represa Billings. 1ª Reunião Brasileira de Ficologia (resumo).

DÍAZ, E.N.L. 1968b. Algas de aguas continentales de la región de Ubatuba, Brasil. 1ª Reunião Brasileira de Ficologia (resumo).

DROUET, F. & DAILY, W. 1948. Nomenclatural transfers among coccoid algae. Lloydia 11: 77-79.

DROUET, F., PATRICK, R. & SMITH, L.B. 1938. A flora de quatro açudes da Parahyba. Anais da Academia Brasileira de Ciências 10(2): 89-103.

EDWALL, G. 1896. Índice das plantas do herbário da Comissão Geographica e Geológica de S. Paulo. Boletim da Commissão Geográfica de São Paulo, Serviço de Meteorologia 11: 51-215 (Algae p. 185-190).

ETTL, H. 1968. Ein Beitrag zur Kenntnis der Algenflora Tirols. Bericht des Naturwissenschaftlich mediznischen Vereins in Innsbruck 56: 177-354.

ETTL, H. & GÄRTNER, G. 1988. Chlorophyceae, 2: Tetrasporales, Chlorococcales, Gloeodendrales. *In:* Ettl, H., Gerloff, J., Heynig, H. & Mollenhauer, D. (eds). Süsswasserflora von Mittleuropa. Gustav Fischer Verlag, Stuttgart. Vol. 10, 436 p.

FELISBERTO, S.A., RODRIGUES, L. & LEANDRINI, J.A. 2001. Chlorococcales registradas na comunidade perifítica no Reservatório de Corumbá, Estado de Goiás, Brasil, antes e após o represamento das águas. Acta Scientiarum: sér. Biológica 23: 275-282.

FERNANDES, S. 2008. As famílias Chlorococcaceae e Coccomyxaceae no Estado de São Paulo: levantamento florístico. Tese de Doutorado. Instituto de Botânica, São Paulo. 143 p.

FERNANDES, S. & BICUDO, C.E.M. 2009. Criptógamos do Parque Estadual das Fontes do Ipiranga, São Paulo, SP. Algas, 26: Chlorophyceae (famílias Chlorococcaceae e Coccomyxaceae). Hoehnea 36(1): 173-191.

FERRAGUT, C., LOPES, M.R.M., BICUDO, D.C., BICUDO, C.E.M. & VER-CELLINO, I.S. 2005. Ficoflórula perifítica e planctônica (exceto Bacillariophyceae) de um reservatório oligotrófico raso (Lago do IAG, São Paulo). Hoehnea 32: 137-184.

FERREIRA, A.C.S. 2002. Dinâmica do fitoplâncton de um reservatório hipertrófico (Reservatório Tapacurá, Recife, PE), com ênfase em *Cylindrospermopsis raciborskii* e seus morfotipos. Dissertação de Mestrado. Universidade Federal do Rio de Janeiro, Rio de Janeiro. 79 p.

FERREIRA, R.A.R. 1998. Flutuações de curto prazo da comunidade fitoplanctônica na represa de Jurumirim (Rio Paranapanema, São Paulo) em duas estações do ano (seca e chuvosa). Dissertação de Mestrado, Universidade de São Paulo, São Carlos. 227 p.

FERREIRA, R.A.R. 2005. Estrutura da comunidade de algas perifíticas aderidas à macrófita aquática *Eichhornia azurea* Kunt em duas lagoas situadas na zona de desembocadura do rio Paranapanema na Reepresa de Jurumirim, SP. Tese de Doutorado. Universidade de São Paulo, São Carlos. 228 p.

FONSECA, B.M. 2005. Diversidade fitoplanctônica como discriminador ambiental em dois reservatórios rasos com diferentes Estados tróficos no Parque Estadual das Fontes do Ipiranga, São Paulo, SP. Tese de Doutorado, Universidade de São Paulo, São Paulo. 208 p.

FOTT, B. 1946. Taxonomical studies on Chlorococcales, 1. Stud. Bot. Èechoslovaka 7(2-4): 165-171.

FOTT, B. 1964. *Oonephris* a new genus of coccoid green algae. Acta Universitatis Carolinae 1964(2): 129-137.

FOTT, B. 1974. Taxonomie der palmeloiden Chlorococcales (Familie Palmogloeaceae). Preslia 46: 1-31.

FOTT, B. & NOVÁKOVÁ, M. 1969. A monograph of the genus *Chlorella*: the fresh water species. *In* FOTT, B. (ed.), Studies in Phycology. E. Schweizerbartsche Verlagsbuchhandlung, Stuttgart. p. 10-59.

FRANCESCHINI, I.M. 1992. Algues d'eau douce de Porto Alegre, Brésil (les Diatomophycées excluées). Bibliotheca Phycologica 92: 1-81.

FRIEDL, T. & ZELTNER, C. 1994. Assessing the relationschips of some coccoid green lichen algae and the Microthamniales (Chlorophyta) with 18S ribosomal DNA gene sequence comparisons. Journal of Phycology 30: 500-506.

FRITSCH, F.E. 1948. Contributions to our knowledge of British algae. Hydrobiologia 1: 115-125.

GARCIA, M. & VÉLEZ, E. 1995. Algas planctônicas da lagoa Emboaba, planície costeira do Rio Grande do Sul: avaliação qualitativa. Boletim do Instituto de Biociências 54: 75-114.

GENTIL, R.C. 2000. Variação sazonal do fitoplâncton de um lago subtropical eutrófico e aspectos sanitários. Dissertação de Mestrado. Universidade de São Paulo, São Paulo. 140 p.

GESSNER, F. & KOLBE, R.W. 1934. Ein Beitrag zur Kenntnis der Algenflora des unteren Amazonas. Bericht der Deutschen Botanische Gesellschaft 52(3): 162-169.

GIANI, A. & PINTO-COELHO, R.M. 1986. Contribuição ao conhecimento das algas fitoplanctônicas do Reservatório do Paranoá, Brasília, Brasil: Chlorophyta, Euglenophyta, Pirrophyta e Schizophyta. Revista Brasileira de Botânica 9: 54-62.

GODINHO, L.R. 2009. Família Scenedesmaceae (Chlorococcales, Chlorophyceae) no Estado de São Paulo: levantamento florístico. Tese de Doutorado. Instituto de Botânica, São Paulo. 204 p.

GODINHO, L.R., COMAS-GONZÁLEZ, A.A. & BICUDO, C.E.M. 2010. Criptógamos do Parque Estadual das Fontes do Ipiranga, São Paulo, SP. Algas, 30: Chlorophyceae (família Scenedesmaceae). Hoehnea 37(3): 513-553.

GRÖNBLAD, R. 1945. De algis brasiliensibus, praecipue Desmidiaceis, in regione inferiore fluminis Amazonas a professore August Ginzberger (Wein). Acta Societatis Scientiarum Fennicae, nova série B, 2: 1-42.

GUARRERA, S.A., CABRERA, S.M., LOPEZ, F. & TELL, G. 1968. Fitoplancton de las aguas superficiales de la Provincia de Buenos Aires, 1: área de la Pampa Deprimida. Revista del Museo de La Plata: sér. Bot. 10: 223-331.

GUIRY, M.D. & GUIRY, G.M. 2020. *AlgaeBase*: World-wide electronic publication, National University of Ireland, Galway, disponível em: http://www.algaebase.org. Acesso em: 28 de novembro de 2018.

HANSGIRG, A. 1889. Prodromus Èeských øas sladkovodnich. Archiv der naturwissenschaft. Landesdurchf. von Böhmen 6: 113-219.

HENTSCHKE, G.S. & TORGAN, L.C. 2010. Chlorococcales *lato sensu* (Chlorophyceae, excl. *Desmodesmus* e *Scenedesmus*) em ambientes aquáticos na Planície Costeira do Rio Grande do Sul, Brasil. Iheringia: série botânica 65(1): 87-100.

HINO, K. 1979. Análise qualitativa e quantitativa do microfitoplâncton da Represa do Lobo (Broa"), São Carlos, SP. Dissertação de Mestrado. Universidade Federal de São Carlos, São Carlos. 119 p.

HINO, K. & TUNDISI, J.G. 1977. Atlas de algas da Represa do Broa. Universidade Federal de São Carlos, São Carlos, 125 p. (Série Atlas 2).

HOEHNE, F.C. 1948. Plantas aquáticas. Instituto de Botânica, São Paulo. 168 p.

HOEHNE, F.C. & KUHLMANN, J.G. 1951. Índice bibliográfico e numérico das plantas colhidas pela Comissão Rondon ou Comissão das Linhas Telegráficas, Estratégicas de Mato Grosso ao Amazonas, de 1908 até 1923. Secretaria da Agricultura, São Paulo. 400 p.

HORTOBÁGYI, T. 1962. Algen aus den Fishteichen von Buzsák, 4. Nova Hedwigia 4(1-2): 21-53.

HORTOBÁGYI, T. 1973. The microflora in the settling and subsoil water enriching basins of the Budapest water-works: a comparative study in ecology, limnology and systematics. Akademiai Kiadó, Budapest. 341 p.

HUSZAR, V.L.M. 1977. Contribuição ao conhecimento das algas planctônicas do lago da barragem Santa Bárbara, Pelotas, Rio Grande do Sul, Brasil. Dissertação de Mestrado. Universidade Federal do Rio Grande do Sul, Porto Alegre. 143 p.

HUSZAR, V.L.M. 1979. Ocorrência e distribuição sazonal de algas planctônicas do lago da barragem Santa Bárbara, Pelotas, Rio Grande do Sul, Brasil. Revista Brasileira de Botânica 2: 149-154.

HUSZAR, V.L.M. 1985. Algas planctônicas da Lagoa de Juturnaíba, Araruama, Rio de Janeiro, Brasil. Revista Brasileira de Botânica 8: 1-19.

HUSZAR, V.L.M. 1986. Algas planctônicas da Lagoa de Juturnaíba, Araruama, Rio de Janeiro, Brasil, 2. Rickia 13: 77-86.

HUSZAR, V.L.M. 1994. Fitoplâncton de um lago amazônico impactado por rejeito de bauxita (lago Batata, Pará, Brasil): estrutura da comunidade, flutuações espaciais e temporais. Tese de Doutorado. Universidade Federal de São Carlos, São Carlos. 219 p.

HUSZAR, V.L.M. & ESTEVES, F.A. 1988. Considerações sobre o fitoplâncton de rede de 14 lagoas costeiras do Estado do Rio de Janeiro, Brasil. Acta Limnologica Brasiliensia 11: 323-345.

HUSZAR, V.L.M., NOGUEIRA, I.S. & SILVA, L.H.S. 1988a. Fitoplâncton da Lagoa do Campelo, Campos, Rio de Janeiro, Brasil: uma contribuição ao seu conhecimento. Acta Botanica Brasilica 1, supl.: 209-219.

JOHN, D.M., WHITTON, B.A. & BROOK, A.J. (eds). 2002. The freshwater algal flora of the British Isles: an identification guide to freshwater and terrestrial algae. Cambridge University Press, Cambridge. 202 p.

JOLY, A.B. 1963. Gêneros de algas de água doce da cidade de São Paulo e arredores. Rickia, supl. 1: 1-188.

KAMMERER, G. 1938. Volvocales und Protococcalen aus dem unteren Amazonasgebiet. Abhandlungen der Akademie der Wissenschaften in Wien 147(5-10): 183-228.

KESSLER, E. 1965. Physiologische und biochemische Beiträge zur Taxonomie der Gattung *Chlorella*, 1: Säureresistenz als taxonomisches Merkmal. Archiv für Microbiologie 52: 291-296.

KESSLER, E. & SOEDER, C. 1962. Biochemical contributions to the taxonomy of the genus *Chlorella*. Nature 194(4833): 1096-1097.

KLEEREKOPER, H. 1937. Biologia da represa velha de Santo Amaro (Represa do Guarapiranga). Boletim R.A.E. 1: 151-161.

KLEEREKOPER, H. 1939. Estudo limnológico da represa de Santo Amaro em S. Paulo. Boletim da Faculdade de Filosofia e Ciências de São Paulo, série Botânica, 2: 11-151.

KLEEREKOPER, H. 1941. Biological survey of the River Mogy-Guassu-watershed in the Brazilian States of Minas Gerais and São Paulo. p. 1-6. (unpublished).

KLEEREKOPER, H. 1944. Introdução ao estudo da Limnologia, 1. Imprensa Nacional, Rio de Janeiro. 329 p. (Série Didática n° 4).

KOLKWITZ, R. 1933. Zür Ökologie der Planzenwelt Brasiliens. Berichte der Deutschen Botanischen Geselschaft 51(9): 396-406.

KOMÁREK, J. 1974. *Monoraphidium flexuosum*, a new Chlorococcal alga from the lakes of Northwestern Ontario (Canada). Preslia 46: 118-122.

KOMÁREK, J. 1979. Änderungen in der Taxonomie der Chlorokokkalalgen (Changes in taxonomy of Chlorococcal alge). Algological Studies 24: 239-263.

KOMÁREK, J. & FOTT, B. 1983. Chlorophyceae (Grünalgen), Ordnung Chlorococcales. *In*: Huber-Pestalozzi, G. (ed.). Das Phytoplankton des Süsswassers. E. Schweizerbart'sche Verlagsbuchhandlung (Nägele und Obermiller), Stuttgart. Vol. 7(1), 1044 p.

KOMÁREK, J. & MARVAN, P. 1992. Morphological diferences in natural populations of the genus *Botryococcus* (Chlorophyceae). Archiv für Protistenkunde 141: 65-100.

KOMÁREK, J. & PERMAN, J. 1978. Review of the genus *Dictyosphaerium* (Chlorococcales). Archiv für Hydrobiologie, supl. 51: 233-297.

KOMÁRKOVÁ-LEGNEROVÁ, J. 1969. The systematics and ontogenesis of the genera *Ankistrodesmus* Corda and *Monoraphidium* gen. nov. *In*: Fott, B. (ed.), Studies in Phycology. E. Schweizerbartsche Verlagsbuchhandlung, Stuttgart. p. 75-144.

KORŠIKOV, A.A. 1953. Pidklas Protokokovi (Protococcineae). Bakuol'ni (Vacuolales) ta Protokokovi (Protococcales). Viznaènik prisnovodnich vodorostej Ukrainskoj RSR 5: 1-439.

KOVÁČIK, L. 1975a. Taxonomic review of the genus *Tetraëdron* (Chlorococcales). Algological Studies 13: 354-391.

KOVÁČIK, L. 1975b. Review of the genus *Polyedriopsis* Scmidle, incl. *Tetraëdron bitridens* Beck-Managetta 1926 = *P. bitridens* (Beck-Managetta) comb. nova. Archiv für Protistenkunde 117: 246-252.

KOVÁČIK, L. & KALINA, T. 1975. Ultrastructure of the cell wall of some species in the genus *Tetraëdron*. Algological Studies 13: 433-444.

KRIENITZ, L. & HEYNIG, H. 1992. *Tetraedriella verrucosa* (G.M. Smith) comb. nova and its relations to *T. regulare* (Kützing) Fott (Xanthophyceae). Algological Studies 65: 1-10.

LEE, K.W. & BOLD, H.C. 1974. Phycological studies, 12: *Characium* and some *Characium*-like algae. University of Texas Publications 7403: 1-127.

LEITE, C.R. 1974. Contribuição ao conhecimento das Chlorococcales (Chlorophyceae) planctônicas do Parque Estadual das Fontes do Ipiranga, São Paulo, Brasil. Dissertação de Mestrado. Universidade de São Paulo, São Paulo. 151 p.

LEITE, C.R. & BICUDO, C.E.M. 1977. *Tetranephris*, a new genus of Chlorococcales (Chlorophyceae) from southern Brazil. Phycologia 16(3): 231-233.

LEMMERMANN, E. 1914. Algologische Beitrage, 13: über das Vorkommen von Algen in den Schläuchen von *Utricularia*. Abhandlungen Naturwissenschaftlicher Verein zu Bremen 23: 261-267.

LEMMERMANN, E. 1915. Tetrasporales. *In*: Pascher, A. (ed.). Süâwasserflora Deutschlands, Österreichs und der Schweiz 5: 21-51.

LEWIS, L.A., WILCOX, L.W., FUERST, P.A. & FLOYD, G.L. 1992. Concordance of molecular and ultrastructural data in the study of zoosporic chlorococcalean green algae. Journal of Phycology 28: 375-380.

LOAIZA-RESTANO, A.M. 2013. Família Hydrodictyaceae (Sphaeropleales, Chlorophyceae) no Estado de São Paulo: levantamento florístico. Dissertação de Mestrado. Instituto de Botânica, São Paulo. 164 p.

LOAIZA-RESTANO, A.M. & BICUDO, C.E.M. 2014. Criptógamos do Parque Estadual das Fontes do Ipiranga, São Paulo, SP, Brasil. Algas 40: Chlorophyceae (Hydrodictyaceae). Hoehnea 41(3): 353-364.

LOPES, M.R.M. 1999. Eventos perturbatórios que afetam a biomassa, a composição e a diversidade de espécies do fitoplâncton em um lago tropical oligotrófico raso (Lago do Instituto Astronômico e Geofísico, São Paulo, SP). Tese de Doutorado, Universidade de São Paulo, São Paulo. 213 p.

LUND, J.W. 1956. On certain planktonic palmelloid green algae. Journal of the Linnean Society of London 55(361): 593-313.

MARTINS-DA-SILVA, R.C.V. 1996. Novas ocorrências de Chlorophyceae (Algae, Chlorophyta) para o Estado do Pará. Boletim do Museu Paraense Emílio Goeldi: série botânica 12: 21-57.

MARTINS-DA-SILVA, R.C.V. 1997. Chlorellaceae (Chlorophyceae, Chlorococcales) do lago Água Preta, Município de Belém, Estado do Pará. Boletim do Museu Paraense Emílio Goeldi: série botânica 13: 113-138.

MÖBIUS, M. 1889. Bearbeitung der von H. Schenck in Brasilien gesammelten Algen. Hedwigia 28(5): 309-347.

MÖBIUS, M. 1895. Uebe einige brasilianische Algen. Hedwigia 34: 173-180.

MORESCO, C. 2006. Comunidade de algas perifíticas, com destaque para cianobactérias, nos reservatórios de Segredo e Iraí, Estado do Paraná, Brasil. Dissertação de Mestrado. Universidade Estadual de Maringá, Maringá. 82 p.

MOSELEY, H.N. 1875. Notes on plants collected at St. Paul's Rocks. Journal of the Linnean Society (Botany) 14(77): 354-355.

MOURA, A.T.N. 1996. Estrutura e dinâmica da comunidade fitoplanctônica numa lagoa eutrófica, São Paulo, SP, Brasil, a curtos intervalos de tempo: comparação entre épocas de chuva e seca. Dissertação de Mestrado. Universidade Estadual Paulista, Rio Claro. 172 p.

NÄGELI, C. 1849. Gattungen einzelliger Algen, physiologisch und systematisch bearbeitet. Neue Denkschriften der Allgemeinen Schweizerischen Gesellschaft für die Gesammten Naturwissenschaften 10: 1-139.

NOGUEIRA, I.S. 1991a. Chlorococcales *sensu lato* (Chlorophyceae) do Município do Rio de Janeiro e arredores, Brasil: inventário e considerações taxonômicas. Dissertação de Mestrado. Universidade Federal do Rio de Janeiro, Rio de Janeiro. 356 p.

NOGUEIRA, I.S. 1991b. Primeiro registro de ocorrência de *Scottiellopsis terrestris* (Chlorellales, Chlorellaceae) em ambiente fitotélmico tropical. Revista Brasileira de Biologia 51: 437-444.

NOGUEIRA, I.S. 1994. Flora ficológica da Quinta da Boa Vista, Rio de Janeiro, Brasil: Chlorophyceae (Chlorococcales, *sensu lato*) em um lago artificial com déficit hídrico. Hoehnea 21: 175-198.

NOGUEIRA, I.S. 1999. Estrutura e dinâmica da comunidade fitoplanctônica da represa Samambaia, Goiás, Brasil. Tese de Doutorado. Universidade de São Paulo, São Paulo. 341 p.

NOGUEIRA, I.S., NABOUT, C.J., OLIVEIRA, J.E. & SILVA, K.D. 2008. Diversidade (alfa, beta e gama) da comunidade fitoplanctônica de quatro lagos artificiais urbanos do município de Goiânia, GO. Hoehnea 35: 219-233.

NOGUEIRA, I.S. & OLIVEIRA, J.E. 2009. Chlorococcales e Ulotricales de hábito colonial de quatro lagos artificiais do Município de Goiânia, GO. Iheringia: série botânica 64(2): 123-143.

NOGUEIRA, M.G. 1996. Composição, abundância e distribuição espaço-temporal das populações planctônicas e das variáveis físico-químicas na represa de Jurumirim, Rio Paranapanema, SP. Tese de Doutorado, Universidade de São Paulo, São Carlos. 439 p.

NORDSTEDT, C.F.O. 1877. Nonnulae algae aquae dulcis brasiliensis. Öfversigt af Kongliga Vetenskaps-Akademiens Förhandlingar 34: 15-28 (1878).

OLIVEIRA, L.H.P., ANDRADE, R.M. & NASCIMENTO, R. 1951. Contribuição ao estudo hidrobiológico dos criadouros do *Anopheles tarsimaculatus* Goeldi, 1905 (=

Anopheles aquasalis Curry, 1932) na Baixada Fluminense. Revista Brasileira de Malariologia e Doenças Tropicais 3(2): 149-247 (p. 248-308 texto em Alemão).

OLIVEIRA, L.P.H. & KRAU, L. 1970. Hidrobiologia geral aplicada particularmente a veiculadores de esquistossomos-hipereutrofia, mal moderno das águas. Memórias do Instituto Oswaldo Cruz 68: 89-118.

OLIVEIRA, L.P.H., KRAU, L., NASCIMENTO, R. & MIRANDA, A.S.A. 1967. Plancto e hidrobiologia sanitária de tanques tropicais com dáfnias e rotíferos. Memórias do Instituto Oswaldo Cruz 65(2): 115-147.

OLIVEIRA, L.P.H., NASCIMENTO, R., KRAU, L. & MIRANDA, A.S.A. 1957. Observações hidrobiológicas e mortandade de peixes na Lagoa Rodrigo de Freitas. Memórias do Instituto Oswaldo Cruz 55(2): 211-275.

PALMER, C.M. 1960. Algas e suprimento de água na área de São Paulo. Revista D.A.E. 21: 11-15.

PHILIPOSE, M.T. 1967. Chlorococcales. Indian Council of Agricultural Research, New Delhi. 365 p.

PICELLI-VICENTIM, M.M. 1987. Chlorococcales planctônicas do Parque Regional do Iguaçu, Curitiba, Estado do Paraná. Revista Brasileira de Biologia 47: 57-85.

PONTES, M.C.F. 1980. Produção primária, fitoplâncton e fatores ambientais no Lago D. Helvécio, Parque Florestal de Rio Doce, MG. Dissertação de Mestrado. Universidade Federal de São Carlos, São Carlos. 293 p.

POTEL, H.C. 1964. Observações sobre a composição química das águas. Revista DAE 25(52): 26-28 (tradução do francês para o Português por S.M. Branco).

PRESCOTT, G.W. 1957. The Machris Brazilian expedition, Botany: Chlorophyta, Euglenophyta. Contributions in Science 11: 1-28.

PRESCOTT, G.W. 1962. Algae of the Western Great Lakes área, with an illustrated key to the genera of desmids and frehwater diatoms. Wm. C. Brown Company Publishers, Dubuque, Iowa. 977 p.

PRINTZ, H. 1913. Eine systematische Übersicht der Gattung *Oocystis*. Nyt magazine for naturvidenskaberne by Physiographiske forening i Christiania 51: 165-205.

PRINTZ, H. 1914. Kristianiatraktens protococcoider. Kongelige Norske videnskabernes selskabs skrifter 1913: 1-123.

PRINTZ, H. 1916. Die Chlorophyceen des südlichen Sibiriens und des Uriankailandes. Kongelige Norske videnskabernes selskabs skrifter 1916: 1-52.

PRINTZ, H. 1927. Chlorophyceae. *In*: ENGLER, A. (ed.), Die Natürlichen Pflanzen-familien, etc ... Verlag von Wilhelm Engelmann, Leipzig. Vol. 3(2), 463 p.

PRÖSCHOLD, T., BOCK, C., LUO, W. & KRIENITZ, L. 2010. Polyphyletic distribution of bristle formation in Chlorellaceae: *Micractinium*, *Diacanthos*, *Didymogenes* and *Hegwaldia* gen. nov. (Trebouxiophyceae, Chlorophyta). Phycological Research 58(1): 1-8.

RAMÍREZ R., J.J. 1996. Variações espacial vertical e nictemeral da estrutura da comunidade fitoplanctônica e variáveis ambientais em quatro dias de amostragem de diferentes épocas do ano no Lago das Garças, São Paulo. Tese de Doutorado, Universidade de São Paulo, São Paulo. 285 p.

ŘEHAKOVA, H. 1969. Die variabilitat der Arten der Gattungt Oocystis A. Braun. *In*: Fott, B. (ed.), Studies in Phycology. E. Schweizerbartsche Verlagsbuchhandlung, Stuttgart. p. 145-196.

REINSCH, P.F. 1867. Die Algenflora des Mitleren Theiles von Franken, enthaltend die von Autor bis jetzt in Genieten beobachtelen Süsswasseralgen. Abhandlungen der Naturhistorischen Gesellschaft zur Nürnberg 2: 1-238.

RICH, F. 1935. Contribution to our knowledge of the freshwater algae of Africa, 2: algae from a Pan in Southern Rodesia. Transactions of the Royal Society of South Africa 23: 107-160.

ROCHA, A.A. & NARDUZZO, M. 1975. Aspectos ecológicos dos lagos do Parque Ecológico de São Paulo. Revista DAE 35(103): 45-51.

RODRIGUES, L.L., SANT'ANNA, C.L. & TUCCI, A. 2010a. Chlorophyceae of Billings (Taquacetuba Arm) and Guarapiranga reservoirs, SP, Brazil. Brazilian Journal of Botany 33(2): 247-264.

RODRIGUES, S.C., TORGAN, L. & SCHWARZBOLD, A. 2007. Composição e variação sazonal da riqueza do fitoplâncton na foz dos rios do delta do Jacuí, RS, Brasil. Acta Botanica Brasilica 21: 707-721.

ROQUE, R. 1980. Aspecto ecológico e sanitário e o fitoplâncton na Represa Billings. Dissertação de Mestrado. Universidade de São Paulo, São Paulo. 87 p.

ROSA, C.N. 1958. *Hydrodictyon*, uma rede aquática. Cultus 5(2): 23-26.

ROSA, Z.M. & OLIVEIRA, M.B. 1990. Chlorococcales (Chlorophyceae) de corpos d'água do Município de São Jerônimo, Rio Grande do Sul, Brasil. Iheringia: série Botânica 40: 89-114.

ROSINI, E.F. 2015. Respostas da comunidade fitoplanctônica à implantação de sistema de piscicultura em tanques-rede no parque aquícola do rio Ponte Pensa, Reservatório de Ilha Solteira, SP, Brasil. Tese de Doutorado. Instituto de Botânica, São Paulo. 187 p.

ROSINI, E.F., SANT'ANNA, C.L. & TUCCI, A. 2012. Chlorococcales (exceto Scenedesmaceae) de pesqueiros da Região Metropolitana de São Paulo, Brasil: levantamento florístico. Hoehnea 39(1): 11-38.

SALOMONI, S.E. 1997. Aspectos da limnologia e poluição das lagoas costeiras Marcelino, Peixoto e Pinguela (Osório, RS, Brasil): uma abordagem baseada no fitoplâncton. Dissertação de Mestrado. Universidade Federal do Rio Grande do Sul, Porto Alegre. 141 p.

SANT'ANNA, C.L. 1984. Chlorococcales (Chlorophyta) do Estado de São Paulo, Brasil. Bibliotheca Phycologica 67: 1-348.

SANT'ANNA, C.L., AZEVEDO, M.T.P. & SORMUS, L. 1989. Fitoplâncton do Lago das Garças, Parque Estadual das Fontes do Ipiranga, São Paulo, SP, Brasil: estudo taxonômico e aspectos ecológicos. Hoehnea 16: 89-131.

SANT'ANNA, C.L. & MARTINS, D.V. 1982. Chlorococcales (Chlorophyceae) dos lagos Cristalino e São Sebastião, Amazonas, Brasil: taxonomia e aspectos limnológicos. Revista Brasileira de Botânica 5: 67-82.

SANT'ANNA, C.L., XAVIER, M.B. & SORMUS, L. 1988. Estudo qualitativo do fitoplâncton da represa de Serraria, Estado de São Paulo, Brasil. Brazilian Journal of Biology 48: 83-102.

SCHMIDT, G.W. 1973. Primary production of phytoplankton in the three types of Amazonian waters, 3: primary productivity of phytoplankton in a Tropical Flood-Plain Lake of Central Amazonia, Lago do Castanho, Amazonas. Amazoniana 4(4):379-404.

SCHMIDT, G.W. & UHERKOVICH, G. 1973. Zur Artenfülle des Phytoplanktons in Amazonien. Amazoniana 4(3): 243-252.

SCHWARZBOLD, A. 1992. Efeitos do regime de inundação do rio Mogi-Guaçu (SP) sobre a estrutura, diversidade, produção e estoques do perifíton da Lagoa do Infernão. Tese de Doutorado. Universidade de São Carlos, São Carlos. 232 p.

SHIRIKA, I. & KRAUSS, R.W. 1965. *Chlorella*: physiology and taxonomy of forty-one isolates. University of Maryland, Maryland. 97 p.

SILVA, C.A., TRAIN, S. & RODRIGUES, L.C. 2001. Estrutura e dinâmica da comunidade fitoplanctônica a jusante e montante do reservatório de Corumbá, Caldas Novas, Estado de Goiás, Brasil. Acta Scientiarum, Biological Sciences 23: 283-290.

SILVA, D., SANT'ANNA, C.L., TUCCI, A. & COMAS, A. 2013. New planktic species of *Kirchneriella* Schmidle (Chlorophyceae, Selenastraceae) from Brazilian freshwaters. Brazilian Journal of Botany 36(2): 153-157.

SILVA, L.H.S. 1999. Fitoplâncton de um reservatório eutrófico (lago Monte Alegre), Ribeirão Preto, São Paulo, Brasil. Brazilian Journal of Biology 59: 281-303.

ŠKALOUD, P. & PEKSA, O. 2010. Evolutionary inferences based on ITS rDNA and actin sequences reveal extensive diversity of the common lichen alga Asterochloris (Trebouxiophyceae, Chlorophyta). Molecular Phylogenetics and Evolution 54: 36-46.

SKUJA, H. 1956. Taxonomische und biologische Studien über das Phytoplankton Schwedischer Binnengewässer. Nova Acta Regiae Societatis Scientiarum Upsaliensis: série 4, 16: 1-404.

SMITH, G.M. 1916a. New or interesting algae from the lakes of Wisconsin. Bulletin of the Torrey Botanical Club 43: 471-483.

SMITH, G.M. 1916b. A monograph of the algal genus Scenedesmus based upon pure culture studies. Transactions of the Wisconsin Academy of Sciences, Arts and Letters 18: 422-530.

SMITH, G.M. 1920. Phytoplankton of the inland lakes of Wisconsin, 1: Myxophyceae, Phaeophyceae, Heterokontae and Chlorophyceae, exclusive of the Desmidiaceae. Bulletin of the Wisconsin Geological and Natural History Survey 57: 1-243 (Série Científica n° 12).

SMITH, G.M. 1922. The phytoplankton of some artificial pools near of Stockholm. Arkiv for Botanik 17(3): 1-8.

SMITH, G.M. 1950. The freshwater algae of the United States. McGraw-Hill Book Company, Inc., New York. 719 p. (2ª edição).

SOMMER, C.H. 1977. Produção primária do fitoplâncton na represa Lomba do Sabão, Viamão, RS. Dissertação de Mestrado. Universidade Federal do Rio Grande do Sul, Porto Alegre. 122 p.

SOPHIA, M.G., CARBO, B.P. & HUSZAR, V.L.M. 2004. Desmids of phytotelm terrestrial bromeliads from the National Park of 'Restinga de Jurubatiba', Southeast Brasil. Algological Studies 114: 99-119.

SOUZA, R.C.R. 2000. Dinâmica espaço-temporal da comunidade fitoplanctônica de um reservatório hipereutrófico: Salto Grande (Americana, SP). Tese de Doutorado, Universidade de São Paulo, São Carlos. 172 p.

STARR, R.C. 1954. Reproduction by zoospores in *Planktosphaeria gelatinosa* G.M. Smith. Hydrobiologia 6: 392-397.

STARR, R.C. 1955. A comparative study of *Chlorococcum* Meneghini and other spherical, zoospore-producing genera of the Chlorococcales. Indiana University Publications 20: 1-111. (Science Series).

TEDESCO, C.D. 1995. Estrutura e composição de algas perifíticas em substrato artificial na margem nordeste da Lagoa Caconde, Osório, RS, Brasil. Dissertação de Mestrado. Universidade Federal do Rio Grande do Sul, Porto Alegre. 88 p.

TELL, G. & MOSTO, P. 1982. Chlorococcales de la Tierra del Fuego. Fundación para la Educación, la Ciência y la Cultura, Buenos Aires. Vol. 6(2), 165 p.

THOMASSON, K. 1955. Studies on South American freshwater plankton, 3: plankton from Tierra del Fuego and Valdivia. Acta Horti Gothoburgensis 19: 193-225.

THOMASSON, K. 1971. Amazonian desmids. Institut Royal des Sciences Naturelles de Belgique Memoires, série 2, 86: 1-57.

THOMASSON, K. 1977. Two conspicuous desmids from Amazonas. Botaniska Notiser 130: 41-51.

TIFFANY, L.H. & AHLSTROM, E.H. 1931. New and interesting plankton algae from Lake Erie. Ohio Journal of Science 31(6): 455-467.

TORGAN, L.C. 1997. Estrutura e dinâmica da comunidade fitoplanctônica na Laguna dos Patos, Rio Grande do Sul, Brasil em um ciclo anual. Tese de Doutorado. Universidade Federal de São Carlos, São Carlos. 284 p.

TORGAN, L.C., BARREDO, K.A. & FORTES, D.F. 2001. Catálogo das algas Chlorophyta de águas continentais e marinhas do Estado do Rio Grande do Sul, Brasil. Iheringia, série Botânica 56: 147-183.

TRAINOR, F.R. 1971. Development of form in *Scenedesmus. In:* PARKER, B.C. & MALCOLM BROWN JR., R. (ed.), Contributions in Phycology, Lawrence, KA. p. 81-92.

TRAINOR, F.R. & BOLD, H.C. 1953. Three new unicellular Chlorophyceae from soil. American Journal of Botany 40: 758-767.

TRAINOR, F.R. & HILTON, R.L. 1964. A new species of *Hormotila* from a Connecticut soil. Phycologia 4(2): 99-104.

TROICKAJA, O. 1933. K morfologii i sistematike protokokkovych vodoroslej. Trudy Botanicheskogo Instituta Akademii Nauk SSSR: série 2, 1: 115-224.

TUCCI, A. 2002. Sucessão da comunidade fitoplanctônica de um reservatório urbano e eutrófico, São Paulo, SP, Brasil. Tese de Doutorado, Universidade Estadual Paulista, Rio Claro. 274 p.

TUCCI, A., BENTO, N.R.M., ROSAL, C. & BICUDO, C.E.M. 2014. Criptógamos do Parque Estadual das Fontes do Ipiranga, São Paulo, SP. Algas 34: Chlorophyceae (Golenkiniaceae e Micractiniaceae). Hoehnea 41(2): 307-314.

TUCCI, A., SANT'ANNA, C.L., AZEVEDO, M.T.P., MALLONE, C.F.S., WERNER, V.R., ROSINI, E.F., GAMA, W.A., HENTSCHKE, G.S., OSTI, J.A.S., DIAS, A.S., JACINAVICIUS, F.R. & SANTOS, K.R.S. 2019. Atlas de cianobactérias e microalgas de águas continentais brasileiras. Instituto de Botânica, São Paulo. 233 p. (Publicação eletrônica, 2ª edição revista e ampliada).

TUCCI, A., SANT'ANNA, C.L., GENTIL, R.C. & AZEVEDO, M.T.P. 2006. Fitoplâncton do lago das Garças, São Paulo, Brasil: um reservatório urbano eutrófico. Hoehnea 33: 147-175.

TUCCI, A., SAWATANI, M., ROSINI, E.F. & LOPES, R.I. & BICUDO, C.E.M. 2015. Criptógamos do Parque Estadual das Fontes do Ipiranga, São Paulo, SP, Brasil. Algas, 41: Chlorophyceae (Oocystaceae). Hoehnea 42(3): 603-614.

TUNDISI, J. G. & HINO, K. 1981. List of species and growth seasons of phytoplankton from Lobo (Broa) Reservoir. Brazilian Journal of Biology 41: 63-68.

TURLAND, N.J., WIERSEMA, J.H., BARRIE, F.R., GREUTER, W., HAWKSWORTH, D.L., HERENDEEN, P.S., KNAPP, S., KUSBER, W.-H., LI, D.-Z., MARHOLD, K., MAY, T.W., MCNEIL, J., MONRO, A.M., PRADO, J., PRICE, M.J. & SMITH, G.F. 2018. Código Internacional de Nomenclatura para Algas, Fungos e Plantas. RiMa Editora, São Carlos, 254 p. (tradução para o português de C.E.M. BICUDO, J. PRADO & R.Y. HIRAI).

UHERKOVICH, G. 1975. Taxonomisch-Ökologische übersicht der Chlorophyten-, Rhodophyten-, Schizomycophyten, und Mycophyten-Organismen der Theiss (Tsza) und Ihrer Nebengewässer. Tiscia 10: 15-37.

UHERKOVICH, G. 1976. Algen aus den Flüssen Rio Negro und Rio Tapajós. Amazoniana 5(4): 465-515.

UHERKOVICH, G. 1981. Algen aus einigen Gewassern Amazoniens. Amazoniana 7: 191-219.

UHERKOVICH, G. & FRANKEN, M. 1980. Aufwuchsalgen aus zentralamazonischen Regenwaldbächen. Amazoniana 7: 49-79.

UHERKOVICH, G. & RAI, H. 1979. Algen aus Rio Negro und seinen Nebenflussen. Amazoniana 6: 611-638.

UHERKOVICH, G. & SCHMIDT, G.W. 1974. Phytoplanktontaxa in dem zentralamazonischen Schwemmlandsee Lago do Castanho. Amazoniana 5: 243-283.

VAN DEN HOEK, C. 1963. Nomenclatural typification of some unicellular and colonial algae. Nova Hedwigia 6: 277-296.

VAN DEN HOEK, C., MANN, D.G. & JAHNS, H.M. 1997. Algae: an introduction to phycology. University of Cambridge Press, Cambridge. 627 p. (reimpressão).

WARMING, E. 1892. Lagoa Santa: et Bidrag til den Biologiske Plantegeografi. fundne arter Thallophyta. Kongelige *Danske* videnskabernes Selskabs Skrifter, Naturvidenskabeli Mathematisk Afdeling 6(3): 153-488 (algas p. 414-415).

WEST, G.S. 1912. On the periodicity of the phytoplankton of some British lakes. Journal of the Linnean Society: série botânica 40: 395-432.

WEST, G.S. & FRITSCH, F.E. 1927. A treatise on the British freshwater algae in which are included all the pigmented Protophyta hitherto found in British freshwaters. The University Press, Cambridge. 534 p. (Edição revista).

WILLE, N. 1884. Bidrag til Sydamericas algflora. Kongliga Svenska Vetenskaps-Akademiens Handlingar 8: 1-63.

WILLE, N. 1909. Conjugatae und Chlorophyceae. *In*: ENGLER, A. (ed.), Die Natürlichen Pflanzenfamilien... Verlag von Wilhelm Engelmann. Vol. 1, p. 1-136.

WITTROCK, V.B. & NORDSTEDT, C.F.O. 1879. Algae aquae dulcis exsiccatae praecipue scandinavicae quas adjectis algis marinis chlorophyllaceis et phycochromaceis. O.L. Svanbäcks Boktryckeri Aktiebolac, Uppsala. Fasc. 5-6: exsic. n° 201-300.

WITTROCK, V.B. & NORDSTEDT, C.F.O. 1880. Algae aquae dulcis exsiccatae praecipue scandinavicae quas adjectis algis marinis chlorophyllaceis et phycochromaceis. O.L. Svanbäcks Boktryckeri Aktiebolac, Lundae. Fasc. 8: exsic. n° 351-400.

WITTROCK, V.B. & NORDSTEDT, C.F.O. 1883. Algae aquae dulcis exsiccatae praecipue scandinavicae quas adjectis algis marinis chlorophyllaceis et phycochromaceis. O.L. Svanbäcks Boktryckeri Aktiebolac, Holmiae. Fasc. 15: exsic. n° 701-750.

ILUSTRAÇÕES

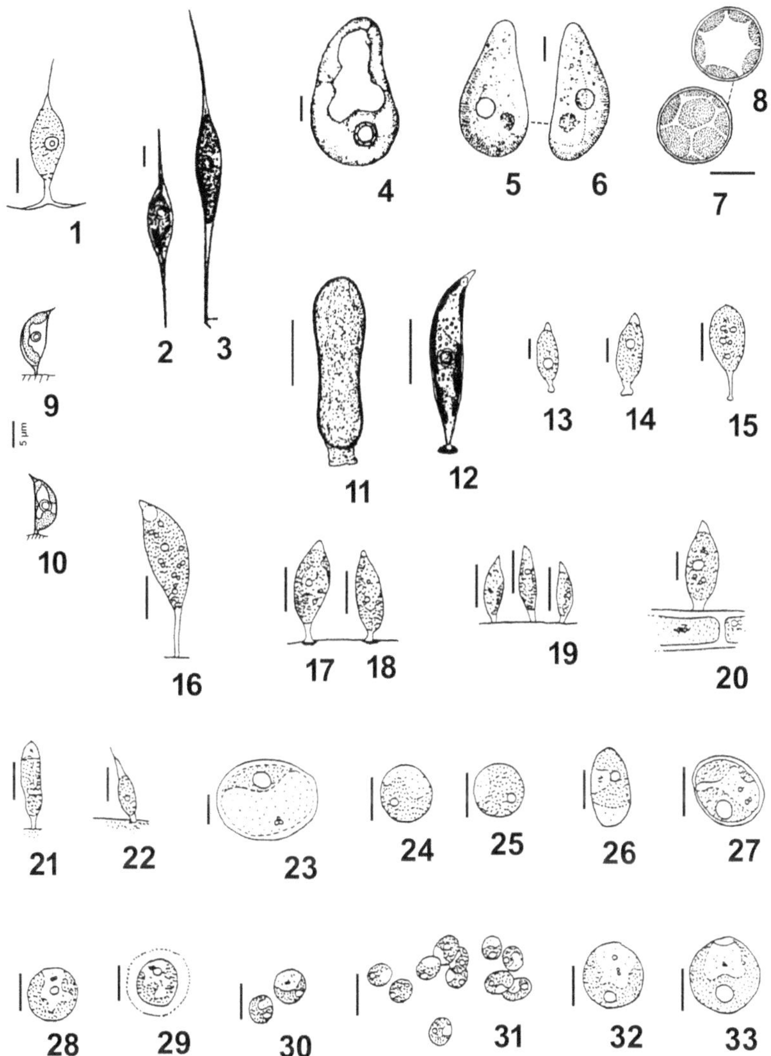

Fig. 1. *Ankyra judayi* (G.M. Smith) Fott. Fig. 2-3. *Ankyra ocellata* (Koršikov) Fott. Fig. 4. *Apodochloris polymorpha* (Bischoff & Bold) Komárek. Fig. 5-6. *Apodochloris simplicissima* (Koršikov) Komárek. Fig. 7-8. *Bracteacoccus cohaerens* Bischoff & Bold; fig. 8, corte óptico de espécime mostrando a situação parietal dos cloroplastídios. Fig. 9-10. *Characium acuminatum* A. Braun. Fig. 11. *Characium cucurbitinum* Jao. Fig. 12. *Characium ensiforme* Hermann. Fig. 13-14. *Characium hindakii* Lee & Bold. Fig. 15. *Characium obesum* W. Taylor. Fig. 16. *Characium ornithocephalum* A. Braun var. *ornithocephalum*. Fig. 17-18. *Characium ornithocephalum* A. Braun var. *adolescens* Printz. Fig. 19. *Characium ornithocephalum* A. Braun var. *pringsheimii* (A. Braun) Komárek; três espécimes. Fig. 20. *Characium rostratum* Reinhardt *ex* Printz. Fig. 21. *Characium strictum* A. Braun. Fig. 22. *Characium transvaalense* Cholnoky. Fig. 23-25. *Chlorococcum acidum* Archibald & Bold. Fig. 26. *Chlorococcum aureum* Archibald & Bold. Fig. 27. *Chlorococcum ellipsoideum* Deason & Bold. Fig. 28-29. *Chlorococcum hypnosporum* Starr; fig. 29, espécime envolvido por bainha de mucilagem. Fig. 30-31. *Chlorococcum infusionum* (Schrank) Meneghini. Fig. 32-33. *Chlorococcum minimum* Ettl & Gärtner. **NOTA**: escala 10 µm, exceto quando indicado.

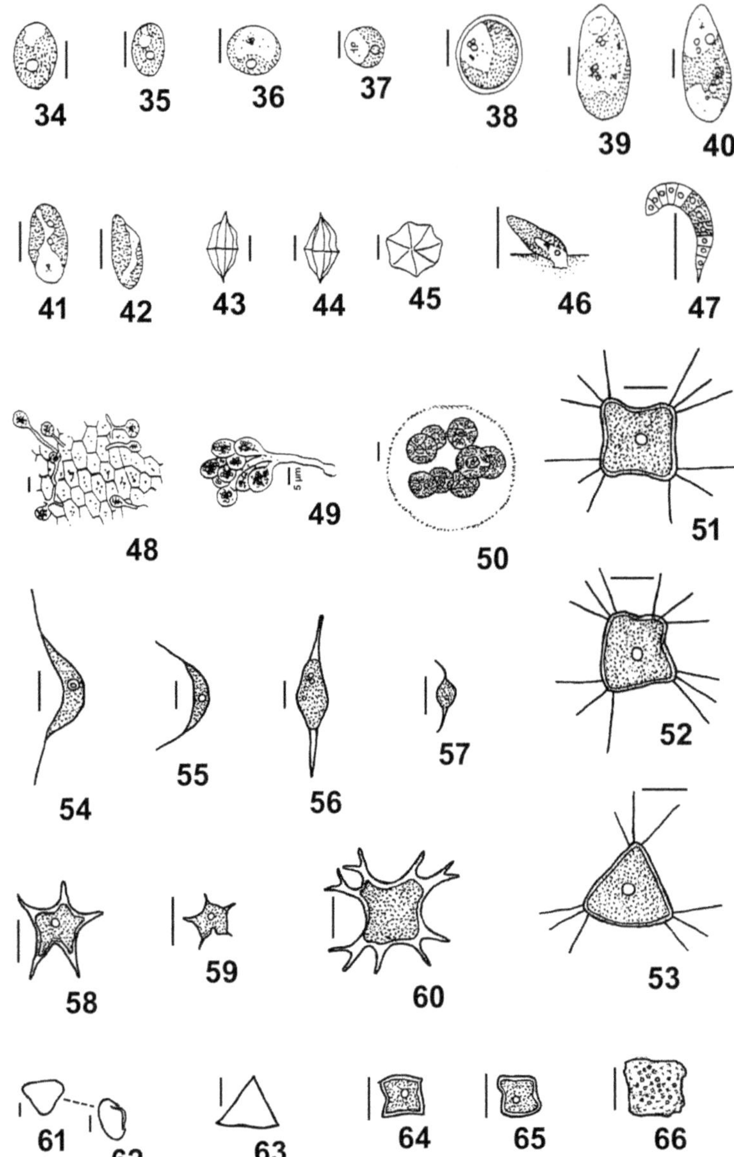

Fig. 34-35. *Chlorococcum minutum* Starr. Fig. 36-37. *Chlorococcum pinguideum* Arce & Bold. Fig. 38. *Chlorococcum schizochlamys* (Koršikov) Philipose. Fig. 39-42. *Coleochlamys oleifera* (Schussnig) Fott. Fig. 43-45. *Desmatractum bipyramidatum* (Chodat) Pascher; fig. 45, vista apical de um espécime. Fig. 46. *Hydrianum lageniforme* Koršikov. Fig. 47. *Korschikoviella limnetica* (Lemmermann) Silva. Fig. 48-49. *Phylobium sphagnicola* G.S. West. Fig. 50. *Planktosphaeria gelatinosa* G.M. Smith. Fig. 51-53. *Polyedriopsis spinulosa* (Schmidle) Schmidle. Fig. 54. *Schroederia antillarum* Komárek. Fig. 55. *Schroederia indica* Philipose. Fig. 56. *Schroederia planctonica* (Skuja) Philipose. Fig. 57. *Schroederia spiralis* (Printz) Koršikov. Fig. 58-59. *Tetraëdron caudatum* (Corda) Hansgirg. Fig. 60. *Tetraëdron gracile* (Reinsch) Hansgirg. Fig. 61-62. *Tetraëdron hemisphaericum* Skuja; fig. 62, vista vertical de um espécime. Fig. 63. *Tetraëdron lobulatum* (Nägeli) Hansgirg var. *triangulare* Playfair. Fig. 64-65. *Tetraëdron minimum* (A. Braun) Hansgirg var. *minimum*. Fig. 66. *Tetraëdron minimum* (A. Braun) Hansgirg var. *"apiculato-scrobiculatum"* (Reinsch, Lagerheim) Skuja. **NOTA**: escala 10 μm, exceto quando indicado.

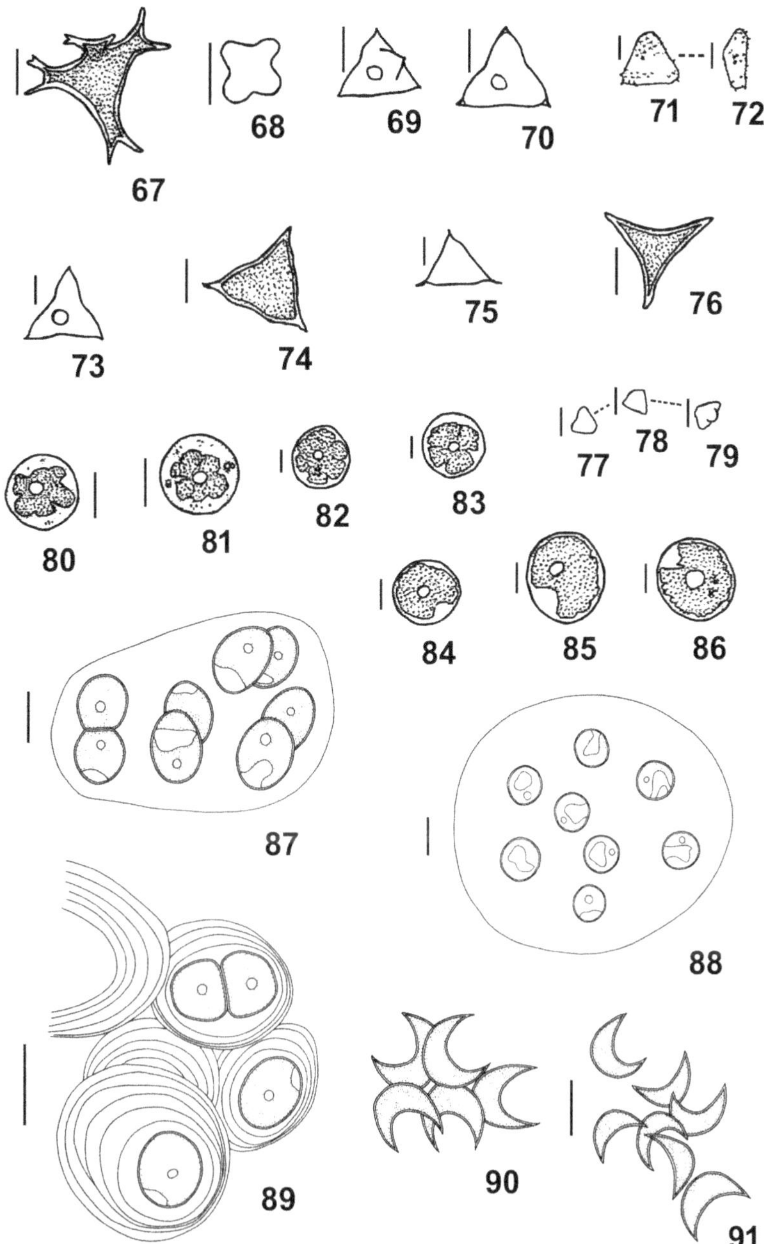

Fig. 67. *Tetraëdron planctonicum* G.M. Smith. Fig. 68. *Tetraëdron quadrilobatum* G.M. Smith. Fig. 69-70. *Tetraëdron regulare* Kützing var. *regulare*. Fig. 71-72. *Tetraëdron regulare* Kützing var. *granulata* Prescott; fig. 72, vista vertical de um espécime. Fig. 73. *Tetraëdron triangulare* Koršikov. Fig. 74. *Tetraëdron trigonum* (Nägeli) Hansgirg f. *trigonum*. Fig. 75. *Tetraëdron trigonum* (Nägeli) Hansgirg f. *gracile* (Reinsch) De Toni. Fig. 76. *Tetraëdron trilobulatum* (Reinsch) Hansgirg. Fig. 77-79. *Tetraëdron tumidulum* (Reinsch) Hansgirg; fig. 79, vista vertical de um espécime. Fig. 80-81. *Trebouxia erici* Ahmadjian. Fig. 82-83. *Trebouxia magna* Archibald. Fig. 84-86. *Trebouxia xanthoriae* (Warén) H. Øehakova var. *xanthoriae*. Fig. 87. *Palmella aurantia* C. Agardh. Fig. 88. *Sphaerocystis schroeteri* Chodat. Fig. 89. *Hormotilopsis gelatinosa* Trainor & Bold. Fig. 90-91. *Ankistrodesmus bibraianus* (Reinsch) Koršikov. **NOTA**: escala 10 μm, exceto quando indicado.

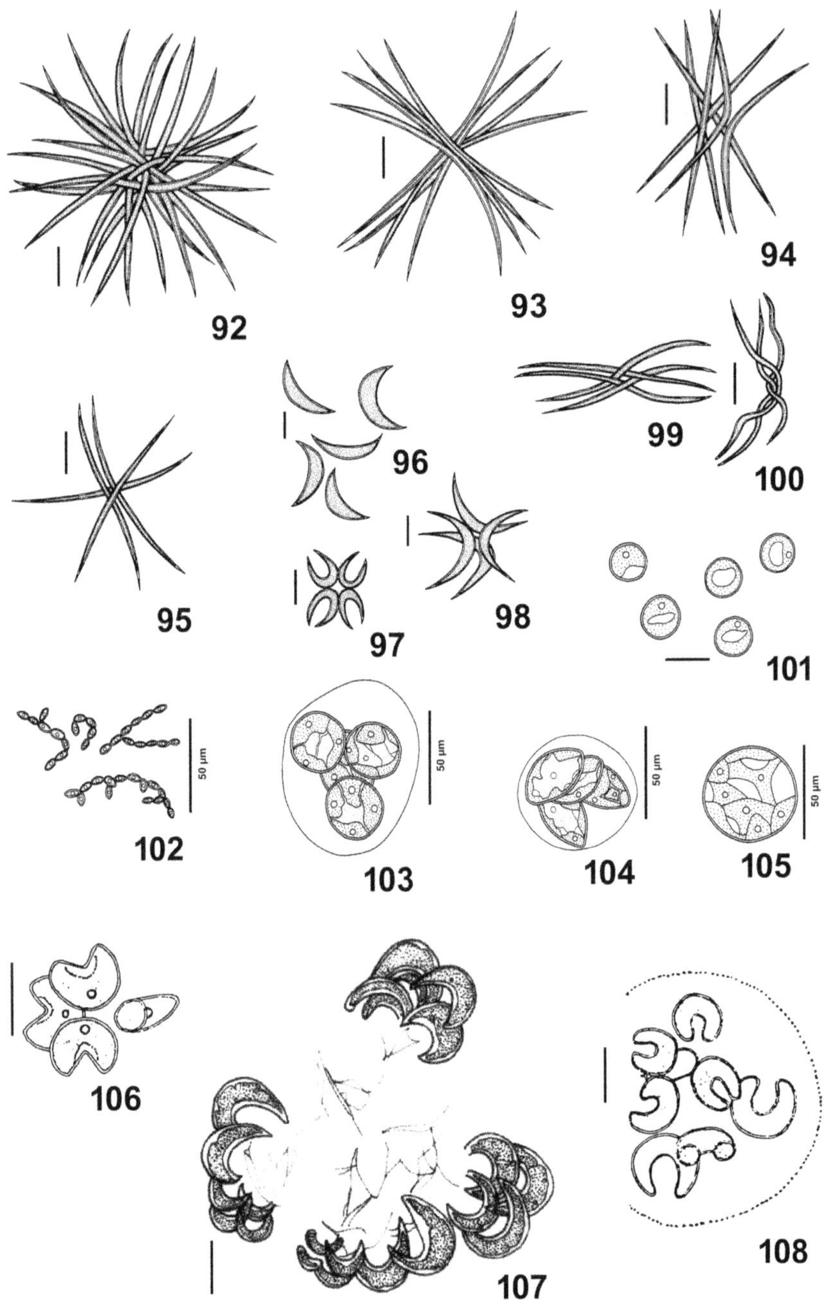

Fig. 92. *Ankistrodesmus densus* Koršikov. Fig. 93. *Ankistrodesmus falcatus* (Corda) Ralfs. Fig. 94-95. *Ankistrodesmus fusiformis* Corda 'sensu' Koršikov. Fig. 96-98. *Ankistrodesmus gracilis* (Reinsch) Koršikov. Fig. 99-100. *Ankistrodesmus spiralis* (Turner) Lemmermann. Fig. 101. *Chlorella vulgaris* Beijerinck. Fig. 102. *Dactylococcus infusionum* Nägeli. Fig. 103-105. *Eremosphaera eremosphaeria* (G.M. Smith) R.L. Smith & Bold. Fig. 106. *Kirchneriella aperta* Teiling. Fig. 107. *Kirchneriella brasiliana* Silva, Sant'Anna, Comas & Tucci. Fig. 108. *Kirchneriella contorta* (Schmidle) Bohlin var. *elegans* (Playfair) Komárek. **NOTA**: escala 10 μm, exceto quando indicado.

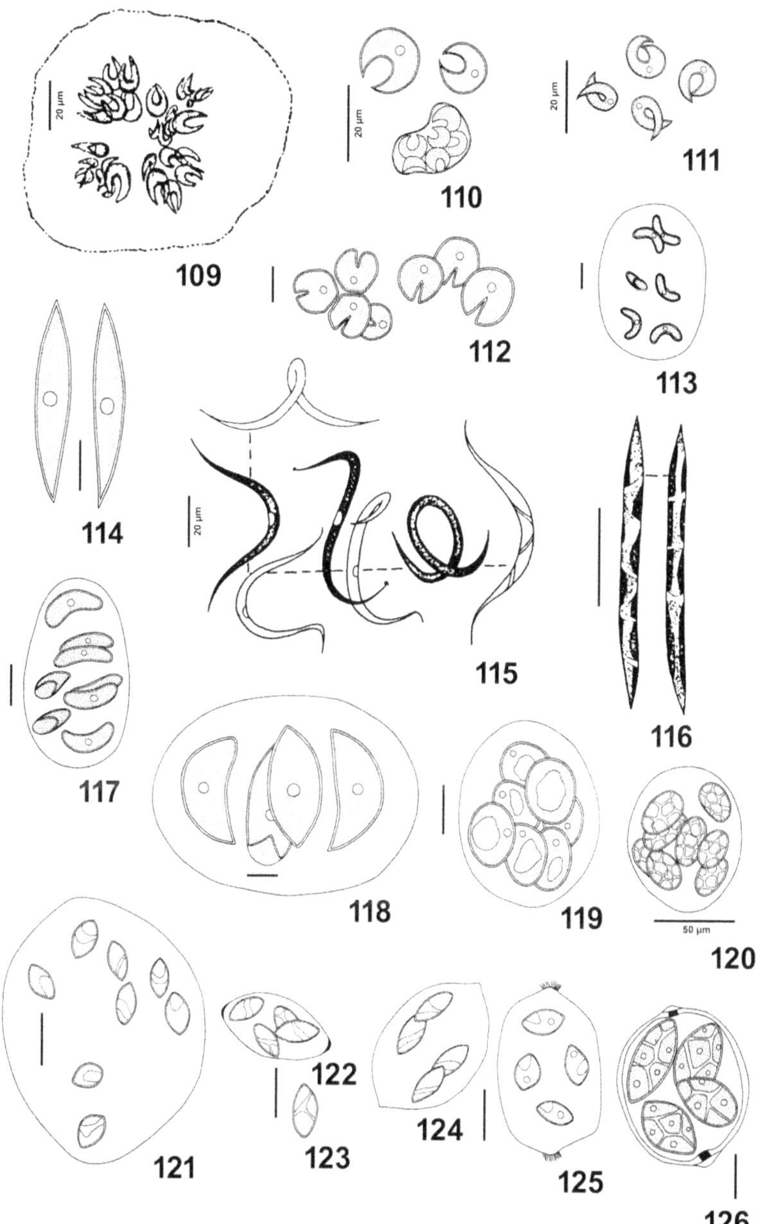

Fig. 109. *Kirchneriella dianae* (Bohlin) Comas. Fig. 110. *Kirchneriella lunaris* (Kirchner) Möbius var. *lunaris*. Fig. 111. *Kirchneriella lunaris* (Kirchner) Möbius var. *irregularis* G.M. Smith. Fig. 112. *Kirchneriella obesa* (W. West) Schmidle var. *obesa*. Fig. 113. *Kirchneriella obesa* (W. West) Schmidle var. *major* (Bernard) G.M. Smith. Fig. 114. *Monoraphidium braunii* (Nägeli in Kützing) Komárková-Legnerová. Fig. 115. *Monoraphidium contortum* (Thuret) Komárková-Legnerová. Fig. 116. *Monoraphidium griffithii* (Berkeley) Komárková-Legnerová. Fig. 117. *Nephrocytium agardhianum* Nägeli. Fig. 118. *Nephrocytium lunatum* W. West. Fig. 119. *Oocystis borgei* Snow. Fig. 120. *Oocystis elliptica* W. West. Fig. 121-125. *Oocystis lacustris* Chodat. Fig. 126. *Oocystis solitaria* Wittrock. **NOTA**: escala 10 µm, exceto quando indicado.

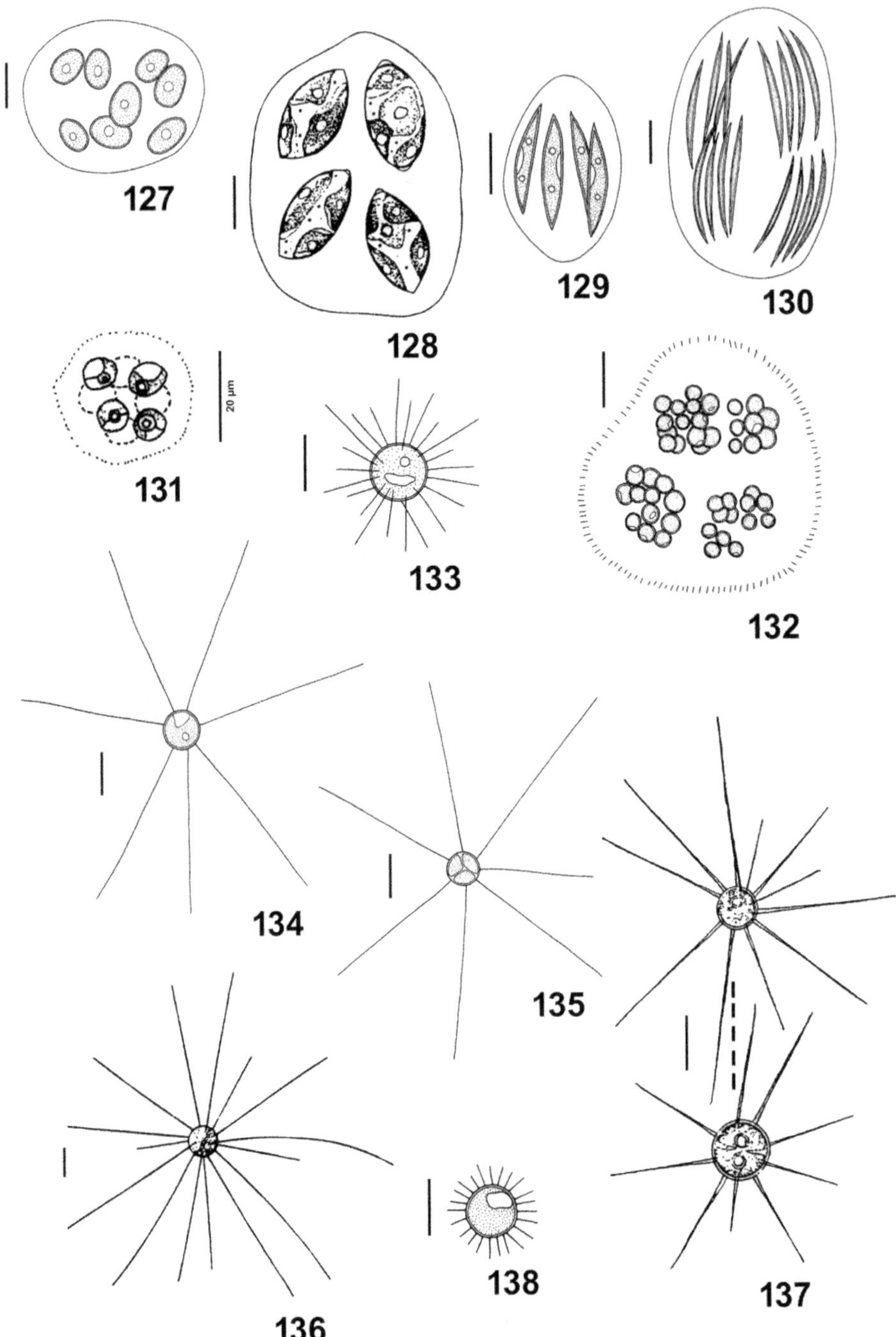

Fig. 127. *Oocystis pusilla* Hansgirg. Fig. 128. *Oocystis marssonii* Lemmermann. Fig. 129. *Quadrigula chodati* (Tanner-Fullman) G.M. Smith. Fig. 130. *Quadrigula lacustris* (Chodat) G.M. Smith. Fig. 131. *Radiococcus fottii* (Hindák) Kostikov, Darienko, Lukešová & Hoffmann. Fig. 132. *Radiococcus planktonicus* Lund. Fig. 133. *Golenkinia paucispina* West & West. Fig. 134-135. *Golenkinia radiata* Chodat. Fig. 136. *Golenkiniopsis longispina* (Koršikov) Koršikov. Fig. 137. *Golenkiniopsis solitaria* (Koršikov) Koršikov. Fig. 138. *Phytelios viridis* Frenzel var. *viridis*. **NOTA**: escala 10 μm, exceto quando indicado.

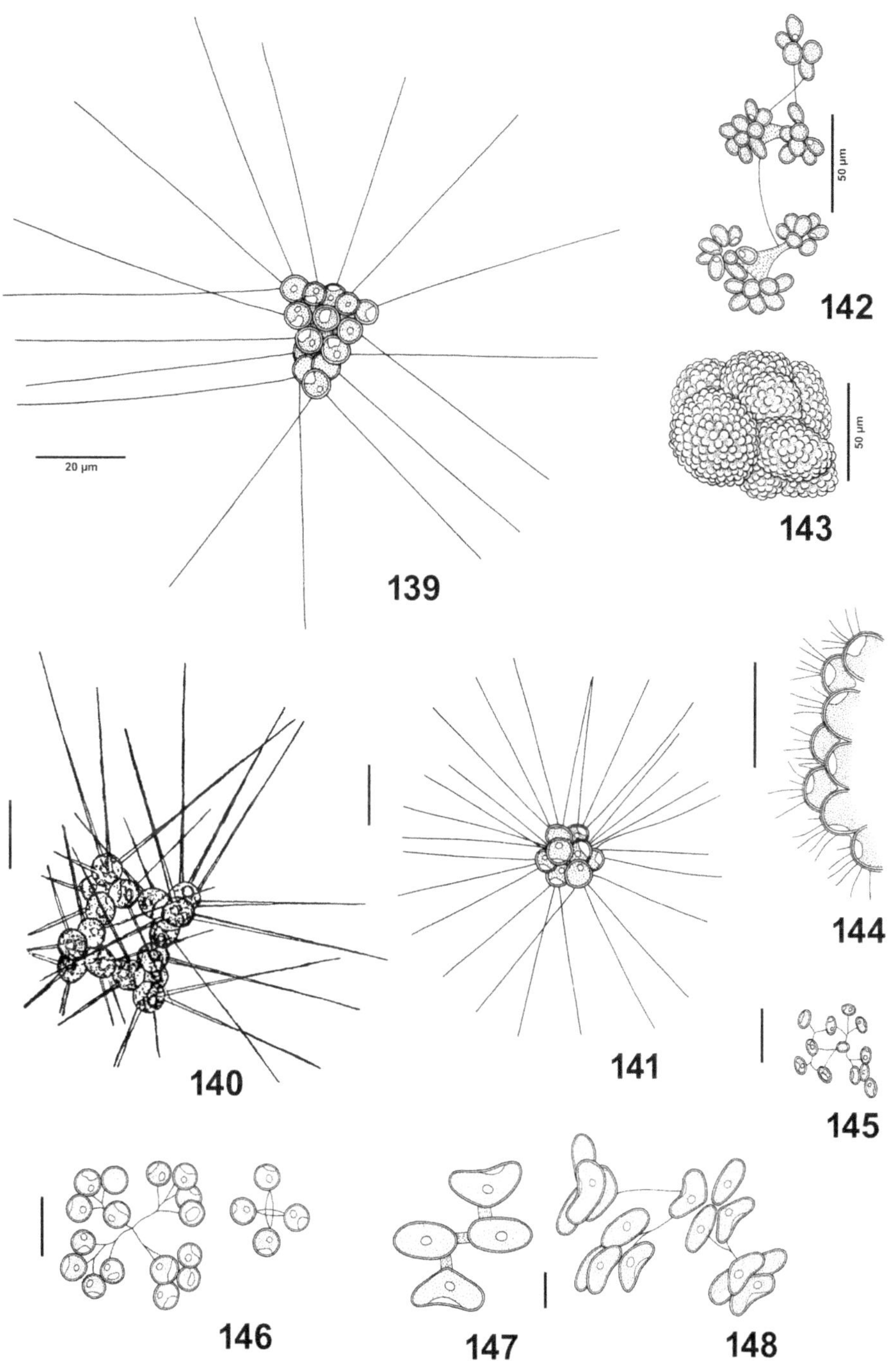

Fig. 139. *Micractinium bornhemiense* (Conrad) Koršikov. Fig. 140. *Micractinium crassisetum* Hortobágyi. Fig. 141. *Micractinium pusillum* Fresenius. Fig. 142. *Botryococcus protuberans* West & West var. *minor* G.M. Smith. Fig. 143-144. *Botryococcus braunii* Kützing; fig. 143. Aspecto geral do cenóbio; fig. 144. Detalhe da parte exposta das células. Fig. 145. *Dictyosphaerium ehrenbergianum* Nägeli. Fig. 146. *Dictyosphaerium pulchellum* H.C. Wood. Fig. 147-148. *Dimorphococcus lunatus* A. Braun. **NOTA**: escala 10 µm, exceto quando indicado.

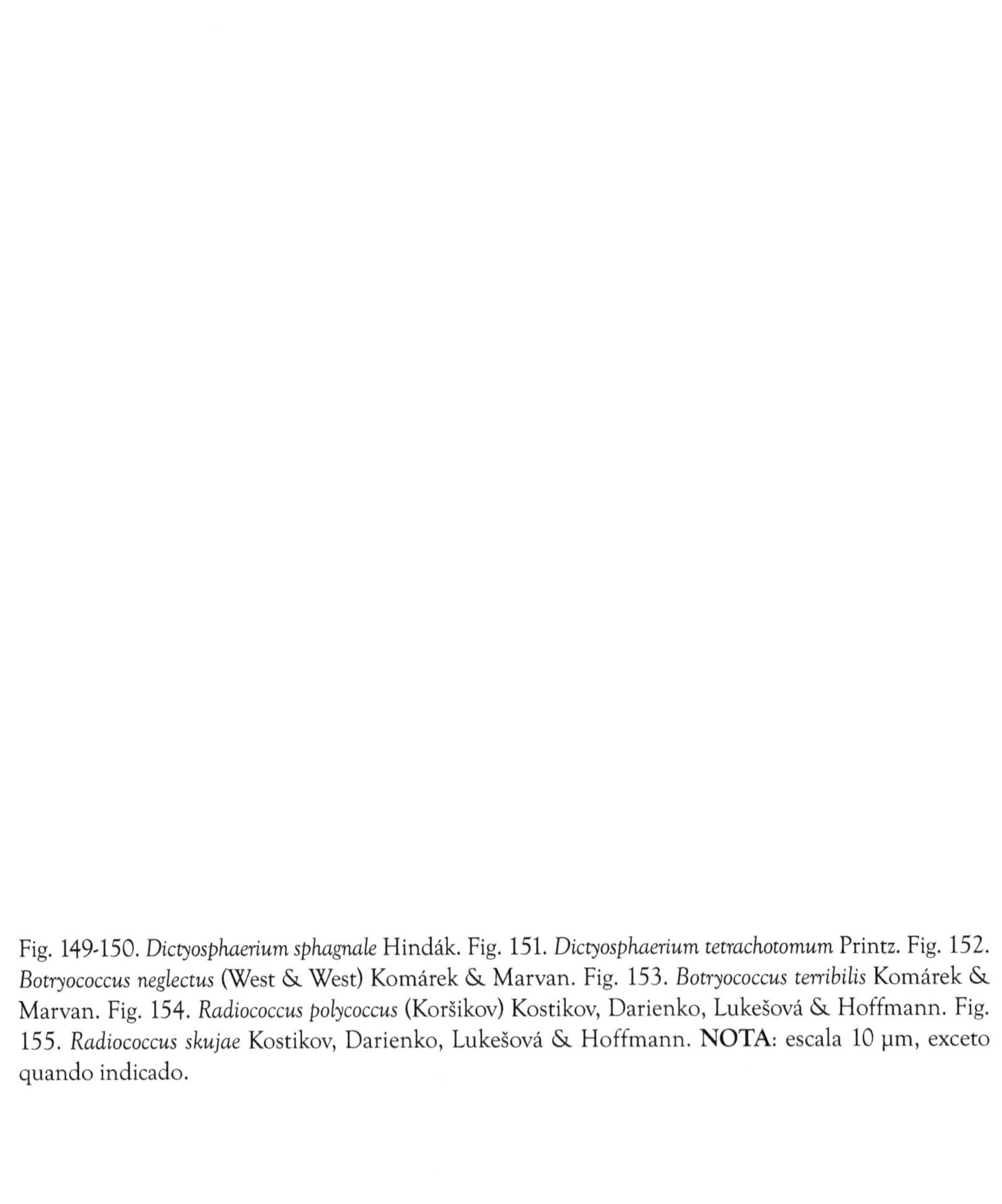

Fig. 149-150. *Dictyosphaerium sphagnale* Hindák. Fig. 151. *Dictyosphaerium tetrachotomum* Printz. Fig. 152. *Botryococcus neglectus* (West & West) Komárek & Marvan. Fig. 153. *Botryococcus terribilis* Komárek & Marvan. Fig. 154. *Radiococcus polycoccus* (Koršikov) Kostikov, Darienko, Lukešová & Hoffmann. Fig. 155. *Radiococcus skujae* Kostikov, Darienko, Lukešová & Hoffmann. **NOTA**: escala 10 µm, exceto quando indicado.

Índice Remissivo de Gêneros, Espécies, Variedades e Formas Taxonômicas